中国历代家训丛书

夏家善◎主编

名臣家训

夏家善◎注释

天津古籍出版社

图书在版编目(CIP)数据

名臣家训 / 夏家善主编、注释. －－天津：天津古籍出版社，2017.8
（中国历代家训丛书）
ISBN 978－7－5528－0519－2

Ⅰ.①名… Ⅱ.①夏… Ⅲ.①家庭道德－中国－古代 Ⅳ.①B823.1

中国版本图书馆 CIP 数据核字(2017)第 083450 号

名臣家训

夏家善主编；夏家善注释
出版人/张玮

天津古籍出版社出版
（天津市西康路 35 号 邮编 300051）
http://www.tjabc.net

三河市龙大印装有限公司印刷
全国新华书店发行
开本 910×1230 毫米 1/32 印张 8.25 字数 192 千字
2017 年 8 月第 1 版 2017 年 8 月第 1 次印刷

ISBN 978－7－5528－0519－2 定价:30.00 元

序

我国古代文化典籍浩如烟海，品类繁多。其中，各种形式的"家训""家诫""家规""家礼"，在普及传统文化、规范人们的生活和行为方式，整齐家风以至维持整个社会的谐调稳定方面，发挥了十分重要的作用。这一部分文化遗产很值得重视。

"三代而下，教详于家。"清代学者钱大昕这句话，概括地说明了我国古代具有重视家教的传统。"家训""家诫"一类著作，起源于东汉而盛行于魏晋南北朝时期，它是当时世族社会教育制度的产物。人们十分熟悉的诸葛亮的《诫子书》，即产生于汉魏之际；而最早系统编撰成书的家训著作，当推南北朝时期颜之推的《颜氏家训》。作者撰写该书的直接目的在于"整齐门内，提撕子孙"，而其更深远的意义则是为了"轨物范世""遗泽后昆"。这类著作以家族和家庭中长辈对晚辈耳提面命的谆谆教谕的形式，将传统伦理道德观念和儒家文化精神通俗地灌输传授给子孙后代，使其"同言而信，信其所亲；同命而行，行其所服"，即利用血亲伦常关系和长辈对晚辈的绝对影响力约束力，达到"助人君，明教化"的目的。各种家训中有关立志、勉学、修身养性、待人接物的训诫，无非是要求"养亲事君忠孝为本""言则忠信行则笃敬""慎言检迹立身扬名",以维持世族的社会地位。这种家教的传统之所以在我国古代社会一直延续下来,并且影响到近现代,是有其深刻的社会根源的。正如梁启超所说:"吾中国社会之组织,以家族为单位,不以个人为单位,所谓家齐而后国治是也。周代宗法之制,在今日形式虽废,其精神犹存也。"家族宗法制度的客观存在和历久不衰,就为家教传统的延续和"家训"一类著作的蓄衍提供了深厚的社会土壤。被视为"古今家训之祖"的《颜氏家训》一书问世后,曾辗转流布,反复梓刻,虽历千余年而不佚,存其影响示范之下,各种形式的家训、家教、家规、家约、治家格言之类著作层出不穷,无代无之。如若将这类著作加以汇集,恐怕有数百千家之多,显然这是一笔不容忽视的历史文化遗产。

  从文化的视角来审察,我国两千多年的封建文化,其内容丰富而芜杂,但总的来说,占据主导地位的还是儒家文化。受这种文化氛围的熏陶,历代家训也深深地打上了儒家思想的印记,透过其或典雅精微或通俗易懂的言辞,其着力宣传之要旨大抵不外乎"正心""诚意""修身""齐家""治国""平天下"的"大学之道","立人""达人""爱人""谅人"的"忠恕之道",以及"父慈子孝兄友弟恭朋友有信"的"絜矩之道"。也就是说,儒家所倡导的文化价值观念、理想人格模式和伦理道德规范,作为历代家训的主要精神支柱,是"儒者宣而明之"欲使其"家至而户说"的基本内容。当然,受释道思想文化的影响,古代家训中也夹杂着若干儒家文化以外的其他思想成分或因素,如道家之"无为",佛家之心性修养等等,这也完全是事实。家训作为在历史上产生和发展的文化现象,它也不可能不带有其所经历的各个时代的烙印,但从实质和总体上来看,它还是以儒家的忠孝仁义为本，吸纳融汇某些佛道思想，不过是作为达到忠孝仁义的手段而已。

显然，就思想内容而言，历代家训并非如前人所夸誉的那样，是"篇篇药石，言言龟鉴"，但它也绝不是一堆粪土，不是一堆完全有害无益的封建糟粕。对于家训这种既包含着糟粕，又包含着许多人生智慧和真、善、美的启示的历史文化遗产，我们应该像对待古今中外的各种文化一样，采取马克思主义的具体分析和批判继承的态度。任何一种文化体系作为完整的结构，都可以分解为不同的层面，每一层面又可以分解为若干要素；换言之，文化要素构成文化层面，文化层面构成文化系统。对它们是可以加以分析分解的，也可以根据新时代的需要进行重组或新的综合。我们对待历代家训也要采取分析的态度，区别良莠，批判剔除其封建性的糟粕，改造继承吸收其富有生命力的或在今天仍有启迪借鉴意义的文化内容，使其成为社会主义新文化的重要构成要素。

既然古代家训是封建时代的产物，大多出自历代帝王、名臣仕宦、封建士大夫之手，而为封建统治阶级所倡导，它就不可能不带有封建地主阶级意识形态的特征，不可能不大量宣扬封建道德观念。例如，历代家训中反复强调必须遵从封建的纲常名教，倡导愚忠愚孝的封建伦理道德；反复鼓吹"学而优则仕""唯上智与下愚不移"和"万般皆下品，唯有读书高"的封建士大夫观念；反复提倡安常处顺、知足常乐、明哲保身的处世之道和保守思想，等等。毫无疑问，这些都属于封建思想的糟粕，是应该批判和舍弃的。这方面的思想流毒在今天仍不能忽视。

另一方面，历代家训中还包含着相当多的思想精华和在今天仍有积极意义的内容，在教育后代如何处世做人的论训中，提供了前人丰富的人生经验和智慧，自觉或不自觉地宣传和弘扬了中华民族的传统美德，这些富有生命力的内容，都可供我们发现剔抉、含英咀华和借鉴吸收。从大的方面来说至少可以举出以下几点：

其一，鼓励立志。如诸葛亮《诫外甥书》说："夫志当存高远，……若志不强毅，意不慷慨，徒碌碌滞于俗，默默束于情，永窜伏于凡庸，不免于下流矣！"《温氏母训》说："岂有子孙专靠父祖过活之理！……若肯立志，大小自成结果。"

其二，奖掖进学。如诸葛亮《诫子书》说："才须学也，非学无以广才，非志无以成学。"《颜氏家训》说："幼儿学者，如日出之光；老而学者，如秉烛夜行。"

其三，劝勉勤俭。《朱柏庐治家格言》说："黎明即起，洒扫庭除。""一粥一饭，当思来处不易；半丝半缕，恒念物力维艰。"明吴麟徵《家诫要言》说："治家，舍节俭别无可经营。""茹荼历辛，自是儒生本色。"

其四，提倡清廉。《景氏家训》载胡康公诲诸子曰："予居官四十余年，无他长，但'清白'二字，平生守之不失。尔曹今日虽未有官守，务全名节，金帛易动人，远而勿亲。"高攀龙《家训》说："世间惟财色二者，最迷惑人，最败坏人。"

其五，导人行善。《朱柏庐治家格言》说："勿贪意外之财，勿饮过量之酒。""与肩挑贸易，毋占便宜；见贫苦亲邻，须加温恤。"《家诫要言》说："待人要宽和，世事要练习。""恶不在大，心术一坏，即入祸门。"《弟子规》说："凡是人，皆须爱，天同覆，地同载。""能亲仁，无限好，德日进，过日少。"

此外，历代家训还在强调知行合一，学以致用，应世涉务，分阴惜时，遵守礼仪，尊敬师长，孝顺父母，慎择朋友，睦邻友好，克己让人等许多方面，都有一些精彩的议论和非凡的识见，有的至今仍能给人以真的启迪、善的奉劝和美的鉴赏，展示出永久的价值和魅力。这些积极的内容自然是我们今天建设社会主义精神文明所必须继承和发扬的。经过批判的分析和创造性的转化，完全可以用来作为对青少年进行思想品德教育的有益资粮和历史教材，倡导良好的家风亦有利于促进整个社会的安定团结和协调发展。

《中国历代家训丛书》的主编夏家善同志，是我刚调到南开大学工作时就已相识的老朋友。他长期研治中国文学，详熟古代文化典籍，特别瞩意于历代家训的搜集整理，用力甚勤，颇有心得。这套丛书就是他从我国历代家训中精选汇辑出来的，共计12册，虽分类汇编而又构成一完整系统，有明确的指导思想，并邀请专家学者对各书分别加以标点、注释和说明，以便于读者准确地把握其思想内容，从中汲取智慧和涵养。这是一件很有意义的工作。夏家善同志向我征序，作为老朋友，我觉得难以拒绝，于匆忙中写了上述粗浅的认识，不当之处请编者和读者批评指正。

方克立

前　言

具有五千年光辉历史的中华民族,素以重视家庭教育闻名于世。我们不仅有历代延续、积淀而成的重视家庭教育的优良传统,而且积累了相当丰富的家庭教育的历史教材。上至帝王将相,下至庶民百姓,各种形式的家训著作,都以不同形式流传下来,并汇入了我们民族文化遗产的宝库之中。收入《名臣家训》中的家训著作,即是其中的一个重要组成部分。

《名臣家训》收录了周初至清末十余位名臣的著名家训。这些家训,除《曾国藩教子书》为专门文集之外,其余均系从古代有关书信和史书中撷取而来。这些家训的作者,有辅佐幼年成王、成功继承武王事业的西周政治家周公旦;有自言"男儿要当死于边野,以马革裹尸还葬"的东汉伏波将军马援;有"鞠躬尽瘁,死而后已"的蜀汉丞相诸葛亮;有节操清高、遗子孙以清白的南朝中书令徐勉;有承继父志、为官直清的唐朝御史大夫柳玭;有执法严峻、不畏权贵的北宋枢密副使包拯;有面对军政财力危机而努力推行改革的明朝大学士张居正;有抵御外侮、力主禁烟的民族英雄、清朝钦差大臣林则徐;还有洋务派首领、清朝重臣曾国藩和张之洞等等。这些名臣,治国,有韬略;安邦,善运筹；齐家，则严明有术，堪称典范。

本书所收名臣家训，篇幅大都短小，内容却相当丰富。如果把它们视为一个整体，其内涵绝不亚于经典家训著作。可以说，这是一部汇总历代名臣集体智慧、内容相当完备的家训经典。其中有不少积极的成分可资借鉴。

第一，励志勉学，培养子孙成为国家有用之材。北宋林逋认为"广积不如教子"，而教子的首要问题在于立志。立志是事业成功的第一步，这是为历史所反复证明了的。所以，历代有见识的大臣们，都把教育子女立志当作人生的第一大事。蜀汉丞相诸葛亮告诫后辈"夫志当存高远"。明朝大学士张居正则教诫儿子"平生苦志励行""望汝继志绳武，益加光大"。因为，只有树立了远大、崇高的人生理想，成材才有根基。

立志固然重要，但徒立志而不为之奋斗，志向仍不会变成现实。正如诸葛亮告诫他外甥的那样："若志不强毅，意不慷慨，徒碌碌滞于俗，默默束于情，永窜伏于凡庸，不免于下流矣！"一些名臣深深体味到这一点，于是劝勉其子孙发愤努力，成就事业。清末洋务派首领曾国藩告诫其子："望汝等少壮之时从有恒上痛下功夫！"他一再劝导两个儿子要专心致志、坚持不懈地多读书，以便掌握"一生受用不尽"的真正本领。历史上柳公绰三代官居高位，曾国藩的两个儿子也都成就卓著……这虽然不是一种因素决定的，但也不能不归于他们成功的家庭家育。

第二，严格要求，教育子女恪守传统美德。我们中华民族是一个十分重视道德修养的民族，传统文化中许多优秀的成分也在古人家训中被提炼出来，作为道德修养的一个重要内容传给子孙后代。诸如崇尚俭朴、廉洁奉公、注重名节、谦逊诚实、尊长爱幼、助人为乐等等，一直被历朝的一些大臣做为教育子孙的重要内容，用于家庭教育的实践之中。西周政治家周公旦在其子伯禽去鲁国执政前，训诫他"慎勿以国骄人"；楚国令尹孙叔敖临终前一再嘱咐其子，在接受国君封地时"必无受利地"；清末大臣曾国藩要求两个儿子"常守俭朴之风""庶可以成大器""若沾染富贵气习，则难望有成"；北魏司徒杨椿发现自己的儿子"学时俗人"，有"坐而待客""驱驰势门""轻论人恶""见贵胜敬重之，见贫贱慢易之"等不良行为，便训诫他们"此人行之大失，立身之大病"，强令改正；以廉著称的北宋枢密副使包拯则把"仕宦，有犯赃滥者，不得放归本家；亡殁之后，不得葬于大茔之中"的训语刻于墙上，以戒子孙。诸如此类训诫，在历代名臣家训中触目可见。正是由于他们严格教子，注意用传统美德训诫后代，所以，其后辈中出现了不少品德高尚、行为清直之人。完全可以这样说，历代名臣家训中所体现出来的各种传统美德，对现今社会伦理建设仍有其积极意义。

第三，循循善诱，使子孙妥善掌握交友接物之道。交友接物，是一门高深的学问。世人都置身于错综复杂的社会关系网之中，谁也不可能脱离这个关系网而独立存在。"近朱者赤，近墨者黑"，环境对人成长所产生的影响绝不可低估。正如北齐黄门侍郎颜之推所说："与善人居，如入芝兰之室，久而自芳；与恶人居，如入鲍鱼之肆，久而自臭。"既然如此，诱导子孙学会交友接物之道，对他们的健康成长就至为重要了。历代名臣在这方面积累了不少值得后人借鉴的经验：清末钦差大臣林则徐告诫在京城做官的儿子，"交友须择人""不可不慎"；曾国藩谨慎地给儿子择师，目的在于使其广交饱学诗书之人；还有不少大臣，一再训示自己的子弟要交直友、谅友，勿交伪君子，并告诫子弟交友时要注意锻炼自己抵制邪恶侵蚀、坚守高尚志操的能力，不为时俗所熏染。他们这些教育子弟交友接物的宝贵经验，颇值得当今的家长们效法。

第四，言传身教，创造使子女健康成长的良好环境。教育子女，无论读书或做人，从严要求是必要的。但是，是靠一味督责达到预期效果，还是创造一个宽舒的环境使其顺利长成呢？清末大臣曾国藩的教子方法很有借鉴意义。曾国藩坚持言教，更重身教。他根据自己的亲身体会，以讨论、研究的态度，进行切实、中肯的指导，收效十分显著。在《曾国藩教子书》中，这类例子俯拾皆是，现抄录其中有代表性的一篇：

余生平有三耻：学问各途，皆略涉其涯涘，独天文算学毫无所知，虽恒星五纬亦不认识，一耻也；每作一事，治一业，辄有始无终，二耻也；少时作字，不能临摹一家之体，遂致屡变而无所成，迟钝而不适于用，近岁在军，因作字太钝，废阁殊多，三耻也。

尔若为克家之子，当思雪此三耻。推步算学纵难通晓，恒星五纬观认尚易。家中言天文之书，有"十七史"中各《天文志》及《五礼通考》中《观象授时》一种。每夜认明恒星二三座，不过数月，可毕识矣。凡作一事，无论大小难易，皆宜有始有终。作字时先求圆匀，次求敏捷，若一日能作楷书一万，少或七八千，愈多愈熟，则手腕毫不费力，将来以之为学，则手钞群书，以之从政，则案无留牍，无穷受用，皆从写字之匀而且捷生出。——三者皆足以弥吾之缺憾矣。

今年初次下场，或中或不中，无甚关系。榜后即当看《诗经注疏》，以后穷经读史，二者迭进。国朝大儒，如顾、阎、江、戴、段、王数先生之书，不可不熟读而深思之。光阴难得，一刻千金!

以后写安禀来营,不妨将胸中所见、简编所得驰骋议论,俾余得以考察尔之进步,不宜太寥寥。

似这等推心置腹、像对朋友般倾心絮语式的教导方法,怎能不使子女为之动情而又身体力行呢?

名臣家训中可资借鉴之处还有很多,诸如应世涉务、珍惜年华、奋发进取、广学博闻、敬长爱幼、克己让人、勤俭自持、婚事简办、科学养生、倡导薄葬、禁吸鸦片等等,都能给人以善意的讽劝和深刻的启迪。

当然,由于这些家训出自封建时代的仕官之手,便不可避免地带有封建意识形态的烙印,往往糟粕与精华并存。诸如:

在教育子女忠于国、孝于亲的时候,又片面宣扬了忠于帝王和对尊长唯命是从的伦理观念。

在教育子女建功立业的时候,又隐含着一种与世无争、知足常乐的保守意识。

在教育子女遵奉古代伦理道德规范的时候,又过分强调小心谨慎、中庸不犯的处世准则。

在教育子女继承和光大家传风范的时候,又过多地流露出光宗耀祖的狭隘思想。

这些显见的封建糟粕,依当今一般读者的识别能力与认识水平,如果再加以批判,则是浪费笔墨了。

本书选文本着不因人废言的原则,选录了史学界称之为近代史上"功魁祸首"的曾国藩的家训,而且占的篇幅还比较多。对于封建王朝的"忠臣"曾国藩的政治立场和思想体系应予批判。但是,他在教育子女方面所获得的成功,却又很值得认真研究和借鉴。

本书依时间顺序进行编排；对部分选文（如《曾国藩教子书》）中与家训无关的一些文字，适当进行了删节；有的家训原无标题，则代拟了题目；为方便读者阅读，又对所选家训进行了标点和注释。

将散佚在古代典籍中的中国历代名臣家训汇辑成集，借鉴封建社会"高官"们教子的方法和经验，为培养社会主义事业接班人服务，应该说，这是一件很有意义的工作。

夏家善

目　　录

诫伯禽 ………………………………… ［西周］周公旦（1）

遗命教子 ……………………………… ［春秋］孙叔敖（3）

马援诫兄子书 ………………………… ［汉］马　援（4）

诸葛诫子书 …………………………… ［三国］诸葛亮（6）

家诫 …………………………………… ［三国］王　昶（8）

诫子书 ………………………………… ［西晋］羊　祜（16）

致仕临行训子孙 ……………………… ［南北朝］杨　椿（18）

徐勉诫子书 …………………………… ［南北朝］徐　勉（22）

遗令戒子孙 …………………………… ［唐］姚　崇（27）

柳氏家训 ……………………………… ［唐］柳　玭（36）

包孝肃公家训 ………………………… ［宋］包　拯（41）

训子崇俭 ……………………………… ［宋］司马光（42）

示季子 ………………………………… ［明］张居正（49）

谕长子 ………………………………… ［清］纪　昀（53）

训长子 ………………………………… ［清］林则徐（55）

曾国藩教子书

  谕曾纪泽、曾纪鸿（1856—1870）……［清］曾国藩（57）

训子书……………………………………［清］张之洞（242）

后记……………………………………………………（245）

诫 伯 禽[1]

[西周]周公旦[2]

我,文王之子[3],武王之弟[4],成王之叔父[5],我于天下亦不贱矣。然我一沐三捉发[6],一饭三吐哺[7],起以待士[8],犹恐失天下之贤人。子之鲁[9],慎无以国骄人[10]。

注释

[1] 伯禽:周代鲁国的始祖。姬姓,字伯禽,亦称禽父。周公旦长子。周成王亲政后,就把旧奄国地分封给他,国号鲁。《诫伯禽》,就是周公在伯禽去鲁国执政前,训诫伯禽的话。

[2] 周公旦:西周初年政治家。周武王之弟,名旦,亦称叔旦。因采邑在周(今陕西省岐山北),故称周公或周公旦。曾助武王灭商。武王死后,成王年幼,由他摄政。曾率师东征,平定管叔、蔡叔、霍叔和武庚叛乱后,大规模分封诸侯,并营建洛邑(今河南省洛阳)作为东都。归政成王后,便制礼作乐(yuè),建立典章制度,主张"明德慎刑"。其言论见于《尚书》。

[3] 文王:即周文王。商末周族领袖。周公、武王之父,名昌,商纣时为西伯,亦称伯昌,曾被商纣囚禁于羑(yǒu)

里(在今河南省汤阴北)。建都丰邑(在今陕西省西安西南沣水西岸)。在位五十年。统治期间,国势强盛。

[4] 武王:即周武王。西周王朝的建立者。周公旦之兄。名发。继承其父文王遗志,联合西方反殷诸侯,率军东征,灭商,建立周王朝,建都于镐(在今陕西省西安西南沣水东岸)。

[5] 成王:即周成王。武王之子。名诵。其父死时,因年幼由叔父周公旦摄政。周公东征胜利后,大规模分封诸侯,巩固了西周王朝的统治。后周公归政于他。

[6] 一沐三捉发:一次沐浴须三度握其已散之发。形容求贤殷切或事务繁劳。

[7] 一饭三吐哺:一顿饭之间,三次停食,以接待宾客。比喻求贤殷切。

[8] 起以待士:起身接待士人。

[9] 之:到。鲁:古国名。公元前十一世纪周分封的诸侯国。姬姓。开国君主是周公旦之子伯禽。在今山东省西南部,建都曲阜(今山东省曲阜)。公元前256年为楚所灭。

[10] 慎无以国骄人:务必做到不要凭着国君的身份看不起人。

遗命教子

[春秋]孙叔敖[1]

王数封我矣[2],吾不受也。我死,王则封汝,必无受利地[3]。楚越之间[4],有寝丘者[5],此其地不利而名恶,可长有者唯此也。

注释

[1] 孙叔敖:春秋时楚国期思(今河南省淮滨东南)人。芈氏,名敖,字孙叔,一字艾猎。楚庄王时任令尹。在位期间,注意发展生产,使楚日渐富强。邲之战,协助庄王指挥楚军,大败晋兵。

[2] 王:帝王。此指楚庄王。

[3] 利地:指好地。

[4] 楚:指古代楚国。芈(mǐ)姓。始祖鬻(yù)熊。西周时立国于荆山一带,都丹阳(今湖北省秭归东南),后建都于郢(今湖北省江陵西北)。春秋战国时国势强盛,疆域由湖北、湖南向周围扩展。为五霸七雄之一。 越:指古代越国。亦称于越。姒姓。相传始祖是夏代少康的庶子无余,建都会稽(今浙江省绍兴)。春秋末为吴王夫差所败。越王勾践卧薪尝胆,刻苦图强,攻灭吴国。战国时国力衰弱,约在公元前306年为楚所灭。

[5] 寝丘:春秋时楚地名。在今河南省固始、沈丘两县之间,以贫瘠著称。

马援诫兄子书[1]

[汉]马 援

吾欲汝曹闻人过失[2]，如闻父母之名，耳可得闻，口不可得言也。好议论人长短[3]，妄是非正法[4]，此吾所大恶也[5]，宁死不愿闻子孙有此行也。汝曹知吾恶之甚矣，所以复言者，施衿结缡[6]，申父母之戒，欲使汝曹不忘之耳。

龙伯高敦厚周慎[7]，口无择言[8]，谦约节俭，廉公有威，吾爱之重之，愿汝曹效之。杜季良豪侠好义[9]，忧人之忧，乐人之乐，清浊无所失[10]，父丧致客，数郡毕至，吾爱之重之，不愿汝曹效也。效伯高不得，犹为谨敕之士[11]，所谓"刻鹄不成尚类鹜"者也[12]；效季良不得，陷为天下轻薄子，所谓"画虎不成反类狗"者也[13]。讫今季良尚未可知[14]，郡将下车辄切齿[15]，州郡以为言[16]，吾常为寒心，是以不愿子孙效也。

注释

[1] 马援(前14—后49)：字文渊，东汉初扶风茂陵(今陕西省兴平东北)人。新莽末，为新城大尹(汉中太守)。后归刘秀。建武十七年(41年)任伏波将军，封新息侯。曾立志"男儿要当死于边野，以马革裹尸还葬"。后在进击武陵"五溪蛮"时，病死军中。曾在西北养马，得专

家传授,发展了相马法。著有《铜马相法》。　诚:告诫,警告。　兄子:兄之子,即侄子。这里指马援的两个侄子马严、马敦,他们是马援之兄马余的儿子。

[2]　欲:希望。　汝曹:汝辈,你们。多用于长辈称后辈。

[3]　长短:是非,好坏。

[4]　妄:胡乱,随便。　是非:评论,褒贬。　正法:政治、法度。

[5]　恶(wù):讨厌,不喜欢。

[6]　施衿(jīn)结缡(lí):本指古代女子出嫁时,母将五彩丝绳和佩巾结于其身。后喻父母对子女的教训。

[7]　龙伯高:名述,东汉京兆(治所在今西安市西北)人。初为山都(治所在今湖北省襄阳西北)长,刘秀看到马援的《诫兄子书》后,提升他为零陵郡(治所在今湖南省零陵)太守。

[8]　口无择言:出口的话皆合道理,无需选择。

[9]　杜季良:名保,东汉京兆(治所在今西安市西北)人。光武时,官越骑司马。后有人上书光武,告他"为行浮薄,乱群惑众",被免官。

[10]　清浊:喻人事的优劣、善恶、高下等。

[11]　谨敕(chì):谨慎自饬。

[12]　刻鹄(hú)不成尚类鹜(wù):鹄,天鹅;鹜,鸭子。这句比喻仿效虽不逼真,但还相似。

[13]　画虎不成反类狗:比喻好高骛远,弄巧成拙,反而留下笑柄。

[14]　讫:通"迄"。到,至。　尚未可知:还不知道会怎样。

[15]　郡将:即郡守。汉代郡守都兼武事,故称郡将。　辄(zhé):每每,总是。　切齿:极端痛恨的样子。

[16]　州郡以为言:州郡官员把这种情况说给我听。

诸葛诫子书

[三国]诸葛亮[1]

夫君子之行[2],静以修身[3],俭以养德[4],非澹泊无以明志[5],非宁静无以致远[6]。夫学须静也,才须学也,非学无以广才,非志无以成学。慆慢则不能励精[7],险躁则不能治性[8]。年与时驰[9],意与岁去[10],遂成枯落。多不接世[11],悲守穷庐[12],将复何及[13]!

注释

[1] 诸葛亮(181—234):字孔明,琅邪阳都(今山东省沂南)人。三国时期杰出的政治家、军事家。辅佐刘备建立蜀汉政权,因功拜丞相。刘备病死,刘禅即位后,封武乡侯,领益州牧。建兴十二年(234年),与魏司马懿在渭南相拒,病死于五丈原军中,葬定军山。著作有《诸葛亮集》。

[2] 夫:句首语气词,无意义。 君子:泛指才德出众的人。 行(xíng):行为。

[3] 静:精神贯注专一。 修身:努力提高自己的品德修养。

[4] 俭:指生活俭朴。 养德:修养德性。

[5] 澹(dàn)泊:恬淡寡欲。 明志:表明心志,确立志向。

[6] 致远:行至远方。常比喻可任大事。
[7] 慆(tāo)慢:慆,怠慢,偷惰。慆慢,怠慢,怠惰。 励精:振奋精神,致力于某种事业或工作。
[8] 险躁:轻薄浮躁。 治性:修性,养性。
[9] 年:年纪,年龄。
[10] 意:意志,愿望。引申为志向。
[11] 多不接世:不广泛接触社会。
[12] 穷庐:破旧简陋的居室。
[13] 将复何及:将来悔憾哪里还来得及。

家　　诫

[三国]王　昶[1]

夫为子之道,莫大于宝身全行[2],以显父母。此三者人知其善,而或危身破家[3],陷于灭亡之祸者,何也？由所祖习非其道也[4]。夫孝敬仁义,百行之首[5],行之而立,身之本也。孝敬则宗族安之,仁义则乡党重之[6],此行成于内,名著于外者矣。人若不笃于至行[7],而背本逐末,以陷浮华焉,以成朋党焉[8];浮华则有虚伪之累[9],朋党则有彼此之患。此二者之戒,昭然著明,而循覆车滋众,逐末弥甚,皆由惑当时之誉,昧目前之利故也[10]。夫富贵声名,人情所乐,而君子或得而不处[11],何也？恶不由其道耳[12]。患人知进而不知退,知欲而不知足,故有困辱之累,悔吝之咎[13]。语曰:"如不知足,则失所欲。"故知足之足常足矣[14]。览往事之成败,察将来之吉凶,未有干名要利[15],欲而不厌[16],而能保世持家[17],永全福禄者也[18]。欲使汝曹立身行己[19],遵儒者之教[20],履道家之言[21],故以玄默冲虚为名[22],欲使汝曹顾名思义,不敢违越也[23]。古者盘盂有铭[24],几杖有诫[25],俯仰察焉[26],用无过行[27];况在己名,可不戒之哉！夫物速成则疾亡,晚就则善终。朝华之草,夕而零落;松柏之茂,隆寒不衰[28]。是以大雅君子恶速成[29],戒阙党也[30]。若范匄对秦客而武子击之折其委笄,恶其掩人也[31]。夫人有善鲜不自伐[32],有能者寡不自矜[33];伐则掩人,矜则陵人[34]。掩人者人亦掩之,陵人者人亦陵之。故三郤为戮于晋[35],王叔负罪于周[36],不惟矜善自伐好争之咎乎?故君子不自称,非以让人,恶其盖人也[37]。夫能屈以为伸,让以为得,弱以为强,鲜不遂矣[38]。夫毁誉,爱恶之原而祸福之机也[39],是以圣人慎之。孔子曰:"吾之于人,谁毁谁誉?如有所誉,必有所试[40]。"又曰:子贡方人。"赐也贤乎哉?我则不暇[41]。"以圣人之德,犹尚如此,况庸庸之徒而轻毁誉哉?

昔伏波将军马援戒其兄子,言:"闻人之恶,当如闻父母之名,耳可得而闻,口不可得而言也。"斯戒至矣。人或毁己,当退而求之于身[42]。若己有可毁之行,则彼言当矣[43];若己无可毁之行,则彼言妄矣[44]。当则无怨于彼,妄则无害于身,又何反报焉[45]?且闻人毁己而忿者,恶丑声之加己也,人报者滋甚,不如默而自修己也。谚曰:"救寒莫如重裘,止谤莫如自修[46]。"斯言信矣[47]。若与是非之士、凶险之人,近犹不可,况与对校乎[48]?其害深矣。夫虚伪之人,言不根道[49],行不顾言[50],其为浮浅较可识别;而世人惑焉,犹不检之以言行也。近济阴魏讽、山阳曹伟皆以倾邪败没[51],荧惑当世[52],挟持奸慝[53],驱动后生。虽刑于斧钺[54],大为炯戒[55],然所污染,固以众矣。可不慎与!

若夫山林之士,夷、叔之伦,甘长饥于首阳,安赴火于绵山[56],虽可以激贪励俗[57],然圣人不可为,吾亦不愿也。今汝先人世有冠冕[58],惟仁义为名,守慎为称[59],孝悌于闺门[60],务学于师友[61]。吾与时人从事[62],虽出处不同[63],然各有所取。颍川郭伯益[64],好尚通达,敏而有知[65]。其为人弘旷不足[66],轻贵有余[67];得其人重之如山,不得其人忽之如草。吾以所知亲之昵之,不愿儿子为之。北海徐伟长[68],不治名高[69],不求苟得[70],澹然自守[71],惟道是务。其有所是非,则托古人以见其意[72],当时无所褒贬。吾敬之重之,愿儿子师之[73]。东平刘公干[74],博学有高才,诚节有大意[75]，然性行不均[76]，少所拘忌[77]，得失足以相补。吾爱之重之，不愿儿子慕之[78]。乐安任昭先[79]，淳粹履道[80]，内敏外恕，推逊恭让，处不避洿[81]，怯而义勇[82]，在朝忘身。吾友之善之，愿儿子遵之[83]。若引而伸之，触类而长之[84]，汝其庶几举一隅耳[85]。及其用财先九族[86]，其旋舍务周急[87]，其出入存故老[88]，其论议贵无贬[89]，其进仕尚忠节[90]，其取入务实道[91]，其处世戒骄淫，其贫贱慎无戚[92]，其进退念合宜，其行事加九思[93]，如此而已。吾复何忧哉？

注释

［1］ 王昶（？—259）：字文舒，三国魏晋阳（今山西省太原）人。历官散骑侍郎、洛阳典农、兖州刺史、扬烈将军、征南大将军、仪同三司、司空等，进封京陵侯。卒谥"穆侯"。著有《治论》《兵书》。

［2］ 宝身：珍惜自己的身躯。 全行(xíng)：完善自己的德行。

［3］ 或：有的人。

［4］ 祖习：遵奉学习。 非其道：不是正确的道理。

［5］ 百行(xíng)：各种品行。

［6］ 乡党：周制以五百家为党，一万二千五百家为乡，后因以"乡党"泛指乡里。

［7］ 笃(dǔ)：专一。 至行：高尚的品德。

［8］ 朋党：因私利而结成的宗派集团。

［9］ 虚伪之累：因弄虚作假而造成的危难。

［10］ 昧：贪图。

［11］ 处：占有，享有。

［12］ 恶(wù)：讨厌。 不由其道：不是通过正当手段得

到的。

[13] 悔吝:悔恨。 咎(jiù):过失。

[14] 知足之足常足:知足就可以使人常得到满足。

[15] 干(gān):求,追求。

[16] 厌:满足。

[17] 保世:保持爵禄、宗族或王朝使之世代相传。

[18] 福禄:福分和禄位。

[19] 汝曹:你们。

[20] 儒者:孔子及信奉孔子学说的人。

[21] 履:实行。 道家:此指老子及信奉老子学说的人。

[22] 玄默:沉静无为。 冲虚:恬淡虚静。

[23] 违越:违背和超越。

[24] 铭:刻在盘盂上的文字,用以自警。

[25] 几杖有诫:指小桌和手杖上都刻有规劝、告诫性的文字。

[26] 俯仰:低头和抬头。 察:看。

[27] 用无过行:因此没有不好的行为。

[28] 隆寒:严寒。

[29] 大雅君子:称德高而有大才的人。

[30] 戒阙党也:语出《论语·宪问》:"阙党童子将命。或问之曰:'益者与?'子曰:'吾见其居于位也,见其与先生并行也。非求益者也,欲速成者也'。"戒阙党也,是说从阙党童子之事吸取教训,不要急于求成。

[31] "若范匄"二句:事见《国语·晋语》。范匄(gài),疑为范燮之误,即范文子;委笄(jī),冠上的簪子;掩,压倒,超过。这两句的大意是,范文子对秦国来客提出的问题,抢先回答,其父得知后,讨厌他对长者不恭谦,用手

11

杖打断了范文子冠上的簪子。

[32] 鲜(xiǎn):很少。　伐:自夸,夸耀。

[33] 矜(jīn):骄傲。

[34] 陵:压倒。

[35] 三郤(xì):春秋时晋国大夫郤犫、郤至、郤锜,三人好胜,积怨甚多,在晋国被杀。

[36] 王叔:周王室卿士,为争权获罪。

[37] "故君子"三句:语出《国语·周语中》。称,显扬;让,谦让;盖,胜过,压倒。这三句的大意是,所以君子不显扬自己,不是谦让,而是厌恶故意压倒别人。

[38] 遂:成功。

[39] 机:关键。

[40] "吾之于人"四句:语出《论语·卫灵公》。其大意是,我对于别人,诋毁过谁?称赞过谁?如果有所称赞,那也是经过考验的。

[41] "子贡方人"三句:语出《论语·宪问》。子贡,春秋卫国人,姓端木,名赐,字子贡。孔子弟子。善于辞令。经商曹、鲁间,富至千金。这三句的大意是,子贡说别人的坏话。孔子说:"子贡,你就那么好吗?要是我就没有这闲工夫。"

[42] 求:责求。

[43] 当(dàng):正确。

[44] 妄:荒诞不实。

[45] 报:报复。

[46] "救寒"二句:语出汉末徐干的《中论》。意思是,拯救受冻的人,没有什么能比得上厚毛皮衣服;制止诽谤,没有什么能比得上加强自身修养。

[47] 信:真实。

[48] 对校:亦作"对较"。本指校勘书籍,此指面对面较量。

[49] 根道:遵从道理。

[50] 行不顾言:行为有悖于自己的言论。

[51] 倾邪:歪门邪道。 败没(mò):失败,覆灭。

[52] 荧惑:迷惑。

[53] 奸慝(tè):奸诈,邪恶。

[54] 刑于斧钺(yuè):斧,古代的一种兵器,又为斩人的刑具;钺,古代兵器,形似斧而较大,圆刃。刑于斧钺,指被杀。

[55] 炯戒:不可忽视的鉴戒。

[56] "若夫"四句:山林之士,隐居山林的人,即隐士;夷、叔之伦,伯夷、叔齐、介之推一类人。这一段讲述的是:(1)伯夷、叔齐反对周武王伐纣,商朝灭亡后,他二人逃到首阳山,不食周粟而死。(2)介之推随晋文公流亡十九年,文公回国后奖赏随从者,没有介之推,于是介之推隐居绵山,被晋文公放火烧死。

[57] 激贪厉俗:抑制贪婪之风,劝勉人们有良好的习俗。

[58] 世有冠冕:世代为官。

[59] 守慎:保持谨慎的态度。 称:称道。

[60] 孝悌(tì):亦作"孝弟"。孝顺父母,敬爱兄长。
闺门:内室之门。借指家庭。

[61] 务学:努力学习。

[62] 从事:周旋,打交道。

[63] 出处(chǔ):出仕和隐退。

[64] 颍川:秦置郡。治所在阳翟(今河南省禹州)。 郭伯益:即郭奕,字伯益。郭嘉之子。

[65] 敏:聪明。 知(zhì):智慧。

[66] 弘旷:心胸宽阔。

[67] 轻贵:轻慢尊贵。

[68] 北海:西汉景帝置郡。治所在营陵(今山东省昌乐东南)。东汉改为国,治所在剧(今山东省寿光东南)。 徐伟长(171—218):即徐干,字伟长,北海人。东汉末哲学家、文学家。官五官中郎将文学。善辞赋,能诗,为"建安七子"之一。著有《中论》。后人辑有《徐伟长集》。

[69] 治:求取。

[70] 苟得:不当得而得。

[71] 澹(dàn)然:恬静的样子。

[72] 托:假借。

[73] 师:学习。

[74] 东平:汉宣帝改大河郡为东平国。治所在无盐(今山东省东平东)。 刘公干:即刘桢(?—217),字公干,东平(今山东)人。东汉末文学家。为曹操丞相掾属。所作五言诗在当时有重名。为"建安七子"之一。后人辑有《刘公幹集》

[75] 诚节:忠诚而有大节。 大意:大志。

[76] 性行:禀性和行为。 不均:不公正。

[77] 拘忌:拘束顾忌。

[78] 慕:敬仰。

[79] 乐安:东汉和帝改千乘郡置乐安国。治所在临济(今山东省高青县高苑镇西北)。三国魏改为郡。 任昭先:即任嘏,字昭先,三国魏乐安人。幼时饱读经书,人称神童。魏文帝时任黄门侍郎、河东太守等职。

为人推逊恭让。

[80] 淳粹:淳厚精粹。　履道:躬行正道。

[81] 处不避汙(wū):汙,指沾污,沾染。处不避汙,跟人交往不怕受到不好的影响。

[82] 怯:谨慎。　义勇:见义勇为的精神。

[83] 遵之:以他为榜样。

[84] "若引"二句:语出《易·系辞上》。大意是,如果将它引申扩展,接触到同类,就会有所提高。

[85] 庶几:或许,也许。　一隅:本指一个角落。亦泛指事物的一个方面。

[86] 用财:花钱。　九族:以自己为本位,上推至四世之高祖,下推至四世之玄孙,为九族。一说父族四,母族三,妻族二,为九族。

[87] 务周急:一定接济贫困者。

[88] 出入:交往。　存:思念。　故老:年高而见识多的人。

[89] 论议:议论评议。　无贬:不贬低别人。

[90] 进仕:做官。　尚:崇尚。

[91] 实道:道义诚实。

[92] 戚:忧愁,悲伤。

[93] 九思:语出《论语·季氏》:"君子有九思:视思明;听思聪;色思温;貌思恭;言思忠;事思敬;疑思问;忿思难;见得思义。"后泛指反复思考。

诫 子 书

[西晋]羊 祜[1]

吾少受先君之教[2],能言之年,便召以典文[3];年九岁,便诲以《诗》《书》[4],然尚无乡人之称[5],无清异之名[6]。今之职位,谬恩之加耳[7],非吾力所能致也[8]。吾不如先君远矣!汝等复不如吾。咨度弘伟[9],恐汝兄弟未之能也;奇异独达[10],察汝等将无分也。恭为德首[11],慎为行基[12],愿汝等言则忠信,行则笃敬[13],无口许人以财[14],无传不经之谈,无听毁誉之语。闻人之过,耳可得受,口不得宣,思而后动。若言行无信,身受大谤,自入刑论[15],岂复惜汝[16]?耻之祖考[17]。思乃父言[18],纂乃父教[19],各讽诵之[20]!

注释

[1] 羊祜(221—278):西晋大臣。字叔子,泰山南城(今山东省费县西南)人。魏末任相国从事中郎。晋武帝(司马炎)代魏后,曾参与策划灭吴之举。泰始五年(269年),以尚书左仆射都督荆州诸军事,镇守襄阳十年,作一举灭吴的准备。在晋武帝决定出兵伐吴后病卒。

[2] 少(shào):年幼。　先君:古代自称去世的父亲。

[3] 典文:指经典。

[4] 《诗》:《诗经》的简称。儒家经典之一。编成于春秋时

代,共三百零五篇,分"风""雅""颂"三大类,是中国最早的诗歌总集。《书》:《尚书》的简称。儒家经典之一。相传由孔子编选而成。是中国上古历史文件和部分追述古代事迹著作的汇编。

[5] 称:称赞。

[6] 清异:清高特异。

[7] 谬恩:无才德而误受恩遇。多作谦词。

[8] 致:通"至"。达到。

[9] 咨度(duó):咨询、商酌。 弘伟:广泛深远。

[10] 奇异:这里指特出的才能。 独达:独自达到。

[11] 恭:谦恭。

[12] 基:根本。

[13] 笃(dǔ)敬:笃厚敬肃。

[14] 无口:不空口。无,不。

[15] 刑论:判刑论罪。

[16] 惜:怜惜。

[17] 耻:羞辱。 祖考:祖父和已死去的父亲。

[18] 乃:你的,你们的。

[19] 纂:继承,接受。

[20] 讽诵:背诵。

致仕临行训子孙[1]

[南北朝]杨 椿[2]

我家入魏之始,即为上客[3],给田宅,赐奴婢、马牛羊,遂成富室。自尔至今二十年[4],二千石、方伯不绝[5],禄恤甚多。至于亲姻知故,吉凶之际,必厚加赠襚[6];来往宾僚[7],必以酒肉饮食。是故亲姻朋友无憾焉。国家初,丈夫好服彩色[8]。吾虽不记上谷翁时事[9],然记清河翁时服饰[10],恒见翁著布衣韦带[11],常约敕诸父曰[12]:"汝等后世,脱若富贵于今日者[13],慎勿积金一斤、彩帛百匹已上[14],用为富也[15]。"又不听治生求利[16],又不听与势家作婚姻。至吾兄弟,不能遵奉。今汝等服乘[17],以渐华好,吾是以知恭俭之德[18],渐不如上世也。又吾兄弟,若在家,必同盘而食,若有近行,不至,必待其还,亦有过中不食[19],忍饥相待。吾兄弟八人,今存者有三,是故不忍别食也。又愿毕吾兄弟世[20],不异居、异财,汝等眼见,非为虚假。如闻汝等兄弟,时有别斋独食者,此又不如吾等一世也。吾今日不为贫贱,然居住舍宅不作壮丽华饰者,正虑汝等后世不贤,不能保守之,方为势家作夺[21]。吾自惟文武才艺、门望姻援不胜他人[22],一旦位登侍中、尚书[23],四历九卿[24],十为刺史[25],光禄大夫、仪同、开府、司徒、太保[26],津今复为司空者[27],正由忠贞,小心谨慎,口不尝论人过,无贵无贱,待之以礼,以是故至此耳。闻汝等学时俗人,乃有坐而待客者[28],有驱驰势门者,有

18

轻论人恶者[29]，及见贵胜则敬重之，见贫贱则慢易之[30]，此人行之大失[31]，立身之大病也。汝家仕皇魏以来，高祖以下乃有七郡太守[32]，三十二州刺史，内外显职，时流少比[33]。汝等若能存礼节，不为奢淫骄慢，假不胜人[34]，足免尤诮[35]，足成名家。吾今年始七十五，自惟气力，尚堪朝觐天子[36]，所以孜孜求退者，正欲使汝等知天下满足之义，为一门法耳[37]，非是苟求千载之名也[38]。汝等能记吾言，百年之后，终无恨矣[39]。

注释

[1] 致仕：辞去官职。此指退休还乡。

[2] 杨椿（？—531）：字延寿，本字仲考，华阴（今属陕西省）人。北魏时屡立战功，历任侍中、尚书、刺史、仪同、开府、司徒等职。年七十五岁时，上书频乞退休，终被皇帝允准。离朝临行前，特向子孙讲了这篇训诫的话。

[3] 上客：尊客，贵宾。

[4] 尔：你。此指杨椿的儿子杨昱。

[5] 二千石：汉制，郡守俸禄为千石，即月俸百二十斛。世因称郡守为"二千石"。　方伯：本指一方诸侯之长。后泛指地方长官。

[6] 赠襚（suì）：本指亲友赠死者的衣服。此指对不幸者的馈赠。

[7] 宾僚：宾客幕僚。

[8] 丈夫：指成年男子。　彩色：指彩色的丝织品。

[9] 上谷翁：指杨椿的曾祖父杨珍。他曾任北魏上谷郡太守，故称。

[10] 清河翁：指杨椿的祖父杨真。他曾任北魏清河郡太守，故称。

[11] 恒:经常,常常。 布衣韦带:亦省作"布韦"。贫寒之士的服饰。

[12] 约:约束。 敕(chì):告诫,嘱咐。 诸父:指伯父和叔父。

[13] 脱若:倘若。

[14] 已:同"以"。

[15] 用:以。

[16] 听:从,任。这里意为允许。 治生:谋生计。

[17] 服乘(shèng):指车马。

[18] 恭:奉行。

[19] 过中:过半。

[20] 毕:终。这里意为终生。

[21] 方:且。 势家:有权势的人家。 作夺:夺走。

[22] 自惟:惟,思考,忖度。自惟,自知。 门望:门阀郡望。 姻媛:亦作"姻媛"。姻亲。

[23] 一旦:一天之内。此言极快。 侍中:官名。秦置。为丞相属官。汉以侍中为加官,侍帝左右,掌乘舆服物等,出入宫廷,应对顾问,地位渐形重要。魏晋以后,实际已相当于宰相。 尚书:掌管文书奏事,处理各种政策之朝官。

[24] 九卿:古代中央政府的九个高级官职。各朝的名称、司职略有不同。

[25] 刺史:官名。原为朝廷所派督察地方之官,后沿为地方官职名称。汉武帝时,分全国为十三部(州),部置刺史;成帝时改称州牧;哀帝时复称刺史。魏晋于要州置都督兼领刺史,职权益重。后各朝又多有变。

[26] 光禄大夫:官名。战国时置中大夫,汉武帝时改称光禄

大夫,掌顾问应对,属光禄勋。魏晋以后为加官及褒赠之官。 仪同、开府:均指将军称号。 司徒:官名。西周始置。掌管国家的土地和人民,相当于丞相。太保:官名。西周置。为辅弼国君的官。春秋后废,汉复置,次于太傅。历代沿置,多为重臣加衔,以示恩宠,并无实职。

[27] 津:指杨椿的弟弟杨津,本名延祚,字罗汉。累官至司空,加侍中。卒谥"孝穆"。 司空:官名。工部尚书的通称。

[28] 乃:竟然。

[29] 轻论:轻率地议论。 人恶:别人的过错。

[30] 慢易:怠忽,轻慢。

[31] 行:品行,品德。

[32] 太守:官名。秦置治郡之官曰守,汉改为太守,历代因之。

[33] 时流:世俗之辈。

[34] 假:宽容。 胜:欺凌。

[35] 尤诮(qiào):过失与谴责。

[36] 朝觐(jìn):臣子朝见君主。

[37] 门法:本指家风。这里引申为榜样。

[38] 苟:希望。

[39] 恨:失悔,遗憾。

徐勉诫子书

[南北朝]徐勉[1]

吾家世清廉,故常居贫素[2]。至于产业之事,所未尝言[3],非直不经营而已[4]。薄躬遭逢[5],遂至今日,尊官厚禄,可谓备之。每念叨窃若斯[6],岂由才致?仰藉先代风范及以福庆[7],故臻此耳[8]。古人所谓"以清白遗子孙,不亦厚乎[9]。"又云:"遗子黄金满籝[10],不如一经。"详求此言,信非徒语[11]。吾虽不敏,实有本志,庶得遵奉斯义[12],不敢坠失。所以显贵以来,将三十载,门人故旧,亟荐便宜[13],或使创辟田园,或劝兴立邸宅[14],又欲舳舻远致[15],亦令货殖聚敛[16]。若此众事,皆距而不纳[17]。非谓拔葵去织[18],且欲省息纷纭[19]。

中年聊于东田间营小园者,非在播艺[20],以要利人[21],正欲穿池种树,少寄情赏。又以郊际闲旷,终可为宅,傥获悬车致事[22],实欲歌哭于斯[23]。慧日、十住等既应营昏[24],又须住止[25]。吾清明门宅,无相容处,所以尔者[26],亦复有以。前割西边施宣武寺,既失西厢,不复方幅[27],意亦谓此逆旅舍耳,何事须华?常恨时人谓是我宅。古往今来,豪富继踵,高门甲第,连闼洞房[28],宛其死矣,定是谁室?但不能不为培塿之山[29],聚石移果,杂以花卉,以娱休沐[30],用托性灵。随便架立,不在广大,惟功德处小以为好,所以内中逼促[31],无复房宇。近营东边儿孙二宅,乃藉十住南还之资,其中所须,犹为不少。既牵挽不至[32],又不可中途而辍,郊间之园,遂不办保,货与韦黯[33],乃获百金。成就两宅,已消其半。寻园价所得,何以至此?由吾经始历年,粗已成立,桃李茂密,桐竹成荫,塍陌交通[34],渠畎相属[35]。华楼迥榭[36]颇有临眺之美[37];孤峰丛薄,不无纠纷之兴[38]。渎中并绕菰蒋[39],湖里殊富芰荷[40]。虽云人外,城阙密迩[41],韦生欲之,亦雅有情趣。追述此事,非有吝心,盖是笔势所至耳。忆谢灵运《山家诗》云[42]:"中为天地物,今成鄙夫有。"吾此园有之二十载矣,今为天地物。物之与我,相校几何哉!此吾所余,今以分汝营小田舍,亲累既多,理亦须此。且释氏之教[43],以财物谓之外命。儒典亦称"何以聚人曰财"。况汝曹常情,安得忘此。闻汝所买姑熟田地,甚为舄卤[44],弥复可安,所以如此,非物竞故也。虽事异寝丘,聊可仿佛。孔子曰[45]:"居家理治,可移于官。"既已营之,宜使成立,进退两亡,更贻耻笑。若有所收获,汝可自分赡内外大小,宜令得所,非吾所知,又复应沾之诸女耳。汝既居长,故有此及。

凡为人长,殊复不易,当使中外谐辑[46],人无闲言,先物后己,然后可贵。老生云[47]:"后其身而身先。"若能尔者,更招巨利。汝当自勖[48],见贤思齐[49],不宜忽略以弃日也。弃日乃是弃身,身名美恶,岂不大哉,可不慎欤!今之所敕[50],略言此意。正谓为家已来,不事资产,既立墅舍,以乖旧业[51],陈其始末,无愧怀抱。兼吾年时朽暮,心力稍殚[52],牵课奉公[53],略不克举,其中余暇,裁可自休[54]。或复冬日之阳,夏日之阴,良辰美景,文案闲隙,负杖蹑屦[55],逍遥陋馆,临池观鱼,披林听鸟,浊酒一杯,弹琴一曲,求数刻之暂乐,庶居常以待终[56],不宜复劳家闲细务。汝交关既定,此书又行,凡所资须,付给如别。自兹以后,吾不复言及田事,汝亦勿复与吾言之。假使尧水汤旱[57],吾岂知如何?若其满庾盈箱[58],尔之幸遇,如斯之事,并无俟令吾知也。《记》云:"夫孝者,善继人之志,善述人之事。"今且望汝全吾此志,则无所恨矣。

注释

[1] 徐勉(466—535):字修仁,南朝梁东海郯(今江苏省镇江)人。历官吏部尚书、中书令。为政精励,节操清高;家无蓄积,自称遗子孙以清白。梁朝言及百官品才,无不推崇徐勉。卒谥"简肃"。

[2] 贫素:清贫,寒素。

[3] 未尝:不曾。

[4] 非直:不但,不仅。

[5] 薄躬:自身。谦词。比喻自身才能疏浅。　遭逢:际遇。

[6] 念:想。　叨窃:谓不当得而自得。亦自谦无才而据有其位。

[7] 仰藉:仰望依靠。　福庆:幸福。

[8] 臻(zhēn):到,到达。

[9] 厚:重。此指"以清白遗子孙"的分量。

[10] 籝(yíng):竹笼。

[11] 徒语:空话。即只是说说而已。

[12] 庶(shù):幸得。

[13] 亟(qì):屡次。　便(pián)宜:给以好处,使得到某种利益。

[14] 邸(dǐ)宅:高级官员的住所。

[15] 舳舻(zhú lú):原指船头和船尾。多泛指前后首尾相接的船。这里指用船搞运输。

[16] 货殖:经商。　聚敛:本指收集。这里指聚集财富。

[17] 距:通"拒"。拒绝。

[18] 拔葵去织:语出《史记·循吏列传》:"(公仪休)食茹而美,拔其园葵而弃之。见其家织布好,而疾出其家妇,燔其机,云:'欲令农士工女安所雠其货乎?'"后以"拔葵去织"为居官不与民争利的典故。

[19] 省息:停止。

[20] 播艺:播种耕作。

[21] 要:想,希望。

[22] 傥(tǎng):倘若,假使。 悬车:亦作"县车"。指辞官家居。

[23] 歌哭:既歌又哭。这里指尽情抒发自己的感情。

[24] 慧日、十住:均为人名。 营昏:同"营婚"。办理婚事。

[25] 住止:止,通"址"。住止,住处,住宅。

[26] 尔:这样,如此。

[27] 方幅:指规模方正。

[28] 连闼(tà)洞房:重门深邃的房屋。

[29] 培塿(pǒu lǒu):本作"部娄"。小土丘。

[30] 休沐:休息沐浴。指古代官吏休假。

[31] 内中逼促:房内狭窄。

[32] 牵挽:牵拉。

[33] 货:卖,售。

[34] 塍(chéng)陌:田间小路。

[35] 渠畎(quǎn):田间水沟。

[36] 榭(xiè):建在高台上的木屋。多为游观之所。

[37] 临眺:登高远望。

[38] 纠纷:交错杂乱的样子。

[39] 渎(dú):沟渠。 菰蒋(gū jiāng):植物名。即茭白。

[40] 芰(jì)荷:指菱叶与荷叶。

[41] 迩:近。

[42] 谢灵运(385—433):南朝宋诗人。陈郡阳夏(今河南省太康)人。晋时袭封康乐公,故称谢康乐。曾任永嘉太守等职。其诗以描绘自然景物见长,开创文学史山水诗一派。明人辑有《谢康乐集》。

[43] 释氏:佛姓释迦的略称。

[44] 舄(xì)卤:盐碱地。

[45] 孔子(前551—前479):名丘,字仲尼,鲁国陬邑(今山东省曲阜东南)人。春秋末期思想家、政治家、教育家。儒家的创始者。曾任鲁国司寇,摄行相事。晚年致力于教育。所创儒家学说对后世影响极大。封建统治者一直把他尊为"圣人"。

[46] 中外:家庭内外。 谐辑:协调一致。

[47] 老生云:老辈的人说。

[48] 勖(xù):勉励。

[49] 见贤思齐:看到德才兼备的人,就想向他学习,和他一样。

[50] 敕(chì):告诫。

[51] 乖:背离。

[52] 殚:竭尽。

[53] 牵课:勉强,强作。

[54] 裁:通"才"。

[55] 蹑屩(juē):屩,草鞋。蹑屩,穿草鞋行走。

[56] 居常:平时,经常。

[57] 尧水汤旱:指大水、大旱。

[58] 庾:指盛粮食的容器。

遗令戒子孙

[唐]姚崇[1]

古人云:富贵者,人之怨也。贵则神忌其满,人恶其上;富则鬼瞰其室,虏利其财[2]。自开辟已来[3],书籍所载,德薄任重而能寿考无咎者[4],未之有也。故范蠡、疏广之辈[5],知止足之分,前史多之[6]。况吾才不逮古人[7],而久窃荣宠[8],位逾高而益惧,恩弥厚而增忧。往在中书[9],遘疾虚惫[10],虽终匪懈[11],而诸务多阙[12]。荐贤自代[13],屡有诚祈,人欲天从,竟蒙哀允[14]。优游园沼,放浪形骸,人生一代,斯亦足矣。田巴云[15]:"百年之期,未有能至。"王逸少云[16]:"俯仰之间[17],已为陈迹。"诚哉此言。

比见诸达官身亡以后[18],子孙既失覆荫[19],多至贫寒,斗尺之间,参商是竞[20]。岂唯自玷,仍更辱先,无论曲直,俱受嗤毁[21]。庄田水碾,既众有之,递相推倚,或致荒废。陆贾、石苞[22],皆古之贤达也,所以预为定分,将以绝其后事[23]。吾静思之,深所叹服。

昔孔丘亚圣,母墓毁而不修;梁鸿至贤[24],父亡席卷而葬。昔杨震、赵咨、卢植、张奂[25],皆当代英达,通识今古,咸有遗言:属以薄葬。或濯衣时服[26],或单帛幅巾[27],知真魂去身[28],贵于速朽[29],子孙皆遵成命[30],迄今以为美谈。凡厚葬之家,例非明哲,或溺于流俗,不察幽明[31],咸以奢厚为忠孝,以俭薄为悭惜[32],至今亡者致戮尸暴骸以酷[33],存者陷不忠不孝之诮。可为痛哉,可为痛哉！死者无知，自同粪土，何烦厚葬，使伤素业。若也有知，神不在柩，复何用违君父之令，破衣食之资。吾身亡后，可殓以常服，四时之衣，各一副而已。吾性甚不爱冠衣，必不得将入棺墓，紫衣玉带[34]，足便于身，念尔等勿复违之。且神道恶奢，冥途尚质[35]，若违吾处分[36]，使吾受戮于地下，于汝心安乎？念而思之。

今之佛经，罗什所译[37]，姚兴执本[38]，与什对翻[39]。姚兴造浮屠于永贵里[40]，倾竭府库，广事庄严，而兴命不得延[41]，国亦随灭。又齐跨山东[42]，周据关右[43]，周则多除佛法而修缮兵威，齐则广置僧徒而依凭佛力。及至交战，齐氏灭亡，国既不存，寺复何有？修福之报，何其蔑如！梁武帝以万乘为奴[44]，胡太后以六宫入道[45]，岂特身戮名辱，皆以亡国破家。近日孝和皇帝发使赎生[46]，倾国造寺，太平公主、武三思、悖逆庶人、张夫人等皆度人造寺[47]，竟术弥街，咸不免受戮破家，为天下所笑。经云："求长命得长命，求富贵得富贵"，"刀寻段段坏，火坑变成池"。比来缘精进得富贵长命者为谁[48]？生前易知，尚觉无应，身后难究，谁见有征。且五帝之时[49]，父不葬子，兄不哭弟，言其致仁寿、无夭横也[50]。三王之代[51]，国祚延长[52]，人用休息，其人臣则彭祖、老聃之类[53]，皆享遐龄[54]。当此之时，未有佛教，岂抄经铸像之力、设斋施物之功耶？《宋书·西域传》有名僧为《白黑论》[55]，理证明白，足鲜沉疑，宜观而行之。

且佛者觉也，在乎方寸，假有万像之广，不出五蕴之中[56]，但平等慈悲，行善不行恶，则佛道备矣。何必溺于小说，惑于凡僧，仍将喻品，用为实录，抄经写像，破业倾家，乃至施身亦无所吝，可谓大惑也。亦有缘亡人造像，名为追福，方便之教，虽则多端，功德须自发心，旁助宁应获报？递相欺诳，浸成风俗[57]，损耗生人，无益亡者。假有通才达识，亦为时俗所拘。如来普慈[58]，意存利物，损众生之不足，厚豪僧之有余，必不然矣。且死者是常，古来不免，所造经像,何所施为?

夫释迦之本法[59],为苍生之大弊,汝等各宜警策,正法在心,勿效儿女子曹,终身不悟也。吾亡后,必不得为此弊法。若未能全依正道,须顺俗情,从初七至终七[60],任设七僧斋。若随斋须布施,宜以吾缘身衣物充,不得辄用余财,为无益之枉事,亦不得妄出私物,徇追福之虚谈。

道士者,本以玄牝为宗[61],初无趋竞之教,而无识者慕僧家之有利,约佛教而为业。敬寻老君之说[62],亦无过斋之文,抑同僧例,失之弥远。汝等勿拘鄙俗,辄屈于家。汝等身没之后,亦教子孙依吾此法云。

注释

[1] 姚崇(650—721):唐朝大臣。本名元崇。陕州硖石(今河南省三门峡南)人。历任武则天、睿宗、玄宗三朝宰相。睿宗时曾试图削弱太平公主权力而遭贬职。开元初年复职,继续控制宦官、贵戚干预朝政,奖励群臣劝谏,反对大兴佛寺道观。年老,引荐宋璟自代,史称"姚宋"。本文是姚崇将逝之际留给子孙的遗嘱。

[2] 虏:此指强盗。 利:贪爱,喜好。

[3] 开辟:指宇宙的开始。古代传说盘古开天辟地。
已来:同"以来"。

[4] 德薄:德行浅薄。 寿考:高寿。

[5] 范蠡:春秋末政治家。字少伯,楚国宛(今河南省南阳县)人。越国大夫,曾助越王勾践刻苦图强,灭掉吴国。后游齐国,到陶(今山东省定陶西北),改名陶朱公,以经商致富。其言论见于《国语·越语下》和《史记》。
疏广:字仲翁,西汉东海兰陵(今山东省枣庄市东南)人。

少好学,善《春秋》。居家讲学,远近的人都前来就学。征为博士。宣帝时,任太子太傅,在任五年,称病还乡。

[6] 多:称赞,赞许。

[7] 逮:及,到。

[8] 窃:私自。自谦之词。

[9] 中书:即"中书令"。官名。汉置,至唐,非有特殊。资望者不授此官,实际任宰相者多仅授以中书(或门下)侍郎、同中书门下平章事。

[10] 遘(gòu):遇,遭遇。

[11] 匪:通"非"。

[12] 阙:同"缺"。

[13] 荐贤自代:此指姚崇推荐宋璟为相代替自己。

[14] 哀允:答应了哀求,满足了哀求。

[15] 田巴:战国时齐人。尝辩于徂丘,而议于稷下。毁五帝,罪三王,一旦而服千人。

[16] 王逸少:即王羲之(321—379),字逸少。琅邪临沂(今属山东省)人。官至右军将军、会稽内史,人称王右军。东晋大书法家。备精诸体,尤擅楷行,字势雄强多变,为历代学者所宗尚,对后代书法影响颇大。书迹刻本甚多。

[17] 俯仰:瞬息间。表示时间很短。

[18] 比:近日,近来。

[19] 覆荫:遮盖,掩蔽。此指庇护。

[20] "斗尺"二句:语出《史记·淮南王世家》:"一尺布,尚可缝,一斗粟,尚可舂,兄弟二人不相容。"参商,二星名。这二星此出则彼没,两不相见。后因以比兄弟不睦。这两句意为,为了一点儿小的利益而兄弟不和睦。

[21] 嗤毁:讥笑诋毁。

[22] 陆贾:汉初政论家、辞赋家。楚人。从汉高祖定天下,官至太中大夫。力主提倡儒学,并辅以黄老"无为而治"的思想,对汉初政治影响甚大。著有《新语》等。　石苞:字仲容,晋代南皮(今属河北省)人。雅旷有智,容仪伟丽,不修小节。曾贩铁于邺市。累官中护军司马、大司马等,封东陵郡公。

[23] "所以"二句:意思是,预先留下分家的遗嘱,以此避免后代的争执。

[24] 梁鸿:字伯鸾,东汉初扶风平陵(今陕西省咸阳西北)人。家贫博学,与妻孟光隐居霸陵山中。因作《五噫之歌》为朝廷所忌,更名东逃齐鲁,后往吴。夫妇相敬如宾,有"举案齐眉"之美谈。

[25] 杨震(?—124):字伯起,东汉弘农华阴(今属陕西省)人。少好学,博览群经,时称"关西孔子"。历任荆州刺史、涿郡太守、司徒、太尉等职。因多次上疏切谏贪侈骄横的樊丰等人,被诬陷自杀。　赵咨:字文楚,东汉东郡燕人。幼年丧父,有孝行,被荐为博士。又迁敦煌太守,在官清廉俭节。临终,诫子薄葬,时称明达。　卢植(?—192):字子干,东汉涿郡涿县(今属河北省)人。历任博士、太守、尚书。因得罪董卓,罢职。著有《尚书章句》《三礼解诂》等。　张奂:字然明,东汉酒泉(今属甘肃省)人。举贤良对策第一,累迁安定属国都尉。为政清廉,安抚边疆多有建树。因遭陷党锢,放归田里。光和中年卒。

[26] 濯(zhuó):洗涤。　时服:当时通行的服装。此指以时服作为寿衣。

[27] 幅巾:古代男子以全幅细绢裹头的布巾。

[28] 真魂:灵魂。迷信的说法认为附着于人体而主宰人体的非物质的东西。 去:离开。

[29] 速朽:很快地腐烂。

[30] 成命:已发布的命令、指示或决定。这里指遗嘱。

[31] 幽明:善恶,贤愚。

[32] 悭(qiān):小气,吝啬。

[33] 戮尸:古代酷刑,即斩戮死者的尸体示众,以示羞辱。此指因厚葬而致盗墓,使尸体受到伤损。

[34] 紫衣:紫色的袍。古代公服。唐代制度,亲王及三品官穿紫服。 玉带:唐代官员所用的玉饰的腰带,以此分别官阶的高低。

[35] 冥途:此指阴间。 质:朴实,俭朴。

[36] 处分:叮咛,嘱托。

[37] 罗什:即鸠摩罗什(344—413),意译"童寿",东晋时高僧。与真谛、玄奘并称中国佛教三大翻译家。原籍天竺,生于西域龟兹国(今新疆库东)。幼年出家,专习大乘,尤善般若,并精通汉语。后秦弘始三年(401年),姚兴派人迎至长安。他和弟子僧肇等翻译佛经共七十四部,三百八十四卷。

[38] 姚兴(366—416):东晋地方政权后秦国君。字子略。公元394—416年在位。为了巩固统治,他释放自卖为奴的平民,注意发展生产,提倡佛教和儒学,邀请龟兹僧鸠摩罗什翻译佛经,兴学校。先后灭前秦、西秦及后凉,与北魏、东晋相抗衡。

[39] 什:即罗什。

[40] 浮屠:亦作"浮图"。佛教名词。梵文 Buddha(佛陀)的

旧译。此指佛寺或佛塔。

[41] 兴:即姚兴。

[42] 齐:指南北朝时期的北齐。 山东:古地区名。一般指太行山以东地区。

[43] 周:指南北朝时期的北周。 关右:古地区名。即关西,古人以西为右。关西,指函谷关以西地区。

[44] 梁武帝:即萧衍(464—549),字叔达,南兰陵(今江苏省常州西北)人。南朝梁的建立者,公元502—549年在位。曾任齐雍州刺史,镇守襄阳。乘齐内乱,起兵夺取帝位。信奉佛教。长于文学,精乐律,善书法。 梁武帝以万乘为奴:南朝梁武帝信奉佛教,于梁大通元年(公元527年)创建同泰寺,此后曾三度舍身同泰寺为仆役。"梁武帝以万乘为奴"即指此。

[45] 胡太后(?—528):北朝北魏宣武帝妃。安定临泾(今甘肃省镇原南)人。孝明帝即位,尊为皇太后,临朝执政。信佛教,大事兴建寺、塔、石窟。武泰元年(528年)孝明帝死,立年仅三岁的元钊为帝。尔朱荣引兵入洛,沉太后和少主于黄河。谥"灵太后"。 胡太后以六宫入道:北朝北魏胡太后信奉佛教,曾率六宫妃嫔集体入佛,她本人也落发为尼。"胡太后以六宫入道"即指此。

[46] 孝和皇帝:即唐中宗李显。唐高宗第七子。既嗣位,被太后(武则天)废为庐陵王,迁于房州,又迁于均州。长安末张柬之举兵讨乱,始复帝位,并复唐国号。后被欲临朝称制的韦皇后及其女安乐公主毒死于神龙殿。前后共在位七年,庙号"中宗"。

[47] 太平公主(?—713):唐高宗与武则天之女。初嫁薛绍,后嫁武攸暨(武则天侄)。唐隆元年(公710年)参

与李隆基(玄宗)发动的宫廷政变,杀韦后和安乐公主,拥立睿宗(李旦)。玄宗即位后,她阴谋政变,谋泄被杀。 武三思(？—707):唐并州文水(今山西省文水东)人。武则天侄。则天临朝后,任夏官尚书、春官尚书等职,封梁王,参预军国政事。唐中宗复位后,进开府仪同三司,他私通韦后,其次子崇训娶中宗女安乐公主,排斥张柬之等大臣。神龙三年(707年)又谋废太子重俊,被重俊所杀。 悖逆庶人:即安乐公主,唐中宗与韦后之女。公主欲让其母临朝称制,而求立己为皇太女,便与其母合谋毒死其父。睿宗即位后,于景云元年(710年)追废安乐公主为"悖逆庶人"。 张夫人:唐朝太平公主乳母。

[48] 比来:从前。 精进:佛教语。为"六波罗蜜"之一。谓坚持修善法,断恶法,毫不懈怠。

[49] 五帝:上古传说中的五位帝王。说法有四:①黄帝(轩辕)、颛顼(高阳)、帝喾(高辛)、唐尧、虞舜;②太昊(伏羲)、炎帝(神农)、黄帝、少昊(挚)、颛顼;③少昊、颛顼、高辛、唐尧、虞舜;④伏羲、神农、黄帝、唐尧、虞舜。

[50] 仁寿:有仁德而长寿。 夭横:意外夭亡。

[51] 三王:指夏、商、周三代之君,即夏禹、商汤、周文王。

[52] 国祚(zuò):皇位。

[53] 彭祖:传说中的人物。因封于彭,故称。据传他善养生,有导引之术,活到八百高龄。旧以彭祖为长寿的象征。 老聃(dān):即老子。相传为春秋时思想家,道家的创始人。姓李,名耳,字伯阳,楚国苦县(今河南省鹿邑东)人。曾做过周朝管理藏书的史官。著有《老子》。据《史记·老庄申韩列传》载:"老子百有六十余

岁,或言二百馀岁,以其修道而养寿也。"老子享遐龄,源于此。

[54] 遐龄:高龄。

[55] 《白黑论》:亦称《均善论》。南朝宋沙门慧琳著。该文假设"白学先生"和"黑学道士"的问答,对佛教颇多讥评。认为"且要天堂以就善,曷若服义而蹈道?惧地狱以敕身,孰与从理以端心?"一时招致僧众之攻击。无神论者何承天支持该文。

[56] 五蕴:佛教语。又名"五阴""五众"。指色、受、想、行、识五者假合而成的身心。色为物质现象,其余四者为心理现象。佛教不承认灵魂实体,以为身心虽由五蕴假合而不无烦恼、轮回。

[57] 浸:逐渐。

[58] 如来:佛的别名。"如"谓如实。"如来"即从如实之道而来,开示真理的人。又为释迦牟尼的十种法号之一。

[59] 释迦:即释迦牟尼(约前563—前483),佛教始祖。姓乔答摩,名悉达多。为中印度迦毗罗国王净饭王长子,母名摩耶。年十九入雪山苦行六年,出山后,在迦耶山菩提树下,得悟世间无常和缘起诸理,即在鹿野苑初转法轮,说苦集灭道四谛及八正道,以后四出,凡四十余年,年八十寂于拘尸那迦跋陀河边娑罗双树间。"释迦牟尼"是佛教徒对他的尊称,意即释迦族的圣人。弟子甚多。

[60] 七:旧俗人死后每七日一祭,俗称曰"七"。共祭七七。

[61] 玄牝:语出《老子》。道家指孳生万物的本源,比喻道。

[62] 老君:指老子。李老君或太上老君的省称。

柳 氏 家 训

[唐]柳玼[1]

夫门第高者[2],可畏不可恃[3]。可畏者,立身行己,一事有坠先训[4],则罪大于他人。虽生可以苟取名位,死何以见祖先于地下?不可恃者,门高则自傲,族盛则人之所嫉。实艺懿行[5],人未必信,纤瑕微累[6],十手争指矣[7]。所以承世胄者[8],修己不得不恳,为学不得不坚。夫人生世[9],以己无能而望他人用,以己无善而望他人爱,无状则曰"我不遇时[10],时不急贤[11]"。亦由农夫卤莽种之[12],而怨天泽不润[13],虽欲弗馁[14],其可得乎[15]!

予幼闻先训,讲论家法。立身以孝悌为基[16],以恭默为本[17],以畏怯为务[18],以勤俭为法[19],以交结为末事[20],以弃义为凶人。肥家以忍顺[21],保友以简敬[22]。百行备[23],疑身之未周;三缄密[24],虑言之或失。广记如不及[25],求名如傥来[26]。去吝与骄,庶几减过[27]。莅官则洁己省事[28],而后可以言守法,守法而后言养人[29]。直不近祸[30],廉不沽名[31]。廪禄虽微[32],不可易黎甿之膏血[33];榎楚虽用[34],不可恣褊狭之胸襟[35]。忧与福不偕[36],洁与富不并。比见家门子孙[37],其先正直当官[38],耿介特立,不畏强御;及其衰也,唯好犯上,更无他能。如其先逊顺处己,和柔保身,以远悔尤[39];及其衰也,但有暗劣[40],莫知所宗[41]。此际几微[42],非贤不达[43]。

夫坏名灾己[44],辱先丧家。其失尤大者五,宜深志之[45]。其一,自求安逸,靡甘澹泊[46],苟利于人,不恤人言[47]。其二,不知儒术,不悦古道,懵前经而不耻[48],论当世而解颐[49],身既寡知,恶人有学[50]。其三,胜己者厌之,佞己者悦之[51],唯乐戏谭[52],莫奠思古道,闻人之善嫉之,闻人之恶扬之,浸渍颇僻[53],销刓德义[54],簪裾徒在[55],厮养何殊[56]。其四,崇好慢游[57],耽嗜曲糵[58],以衔杯为高致[59],以勤事为流俗[60],习之易荒[61],觉已难悔[62]。其五,急于名宦[63],昵近权要[64],一资半级[65],虽或得之,众怒群猜,鲜有存者。兹五不韪[66],甚于痤疽[67]。痤疽则砭石可疗[68],五失则巫医莫及[69]。前贤炯诫[70],方册具存[71],近代覆车[72],闻见相接。

夫中人以下,修辞力学者,则躁进患失[73],思展其用;审命知退者[74],则业荒文芜,一不足采。唯上智则研其虑,博其闻,坚其习,精其业,用之则行,舍之则藏。苟异于斯[75],岂为君子?

注释

[1] 柳玭:唐朝京兆华原人。出身于唐代后期名宦世家。官至御史大夫。柳玭为官直清有父风,昭宗欲倚以为相,因宦官进谗言而止。后坐事贬为泸州刺史,卒于任上。

[2] 门第:封建时代地主阶级内部家族的等级。显贵之家称为"高门",卑庶之家称为"寒门"。

[3] 畏:这里是警惕的意思。 恃:依赖。

[4] 坠:本指落下。引申为违背。

[5] 实艺:真正的才能。 懿(yì)行:美好的德行。

[6] 纤瑕:微小的瑕疵。这里指微细的缺点和过错。 微累(lěi):微小的牵累。

[7] 十手争指:指人如有不善,众人则争相指责。语本《礼记·大学》:"十目所视,十手所指,其严乎!"

[8] 世胄(zhòu):犹世家。

[9] 生世:活在世上。

[10] 无状:没有事实,没有根据。引申为无缘故的。 不遇时:生不逢时。

[11] 急贤:急于求贤,重贤。

[12] 卤(lǔ)莽:马虎。 种(zhòng):种植。

[13] 天泽:上天的恩泽。

[14] 弗:不。 馁(něi):饥饿。

[15] 其:岂,难道。

[16] 基:基础,根本。

[17] 恭默:庄恭而沉静少语。

[18] 畏怯:本指害怕。这里是指办事要谨慎小心。

[19] 法:这里指原则。

[20] 交结:拉帮结伙,结帮派。 末事:无关根本之事,小事。

[21] 肥家:治家。 忍顺:忍耐顺受,忍耐顺从。

[22] 简敬:省去表示敬重的礼仪。

[23] 百行(xíng):各种品行。

[24] 三缄(jiān)密:这里指言语审慎少说话。

[25] 广记如不及:(虽已)广闻强记,还须看到自己学得不够。

[26] 求名:谋求功名。 傥来:偶然到来的东西。即不把求名看得过重。

[27] 庶(shù)几:差不多,近似。 减过:减少(自己的)过失。

[28] 莅(lì)官:到职,居官。 省事:处理事务。

[29] 养人:教育熏陶他人。

[30] 直:公正,正直。

[31] 廉:廉洁,不贪。 沽名:猎取名誉。

[32] 廪(lǐn)禄:禄米,俸禄。

[33] 黎氓(méng):黎民。多指农夫。 膏血:民脂民膏。

[34] 檟(jiǎ)楚:同"槚楚"。用槚木荆条制成的刑具,用以笞打。这里泛指刑具。

[35] 恣(zì):放纵,无拘束。引申为任凭。 褊(biǎn)狭:亦作"褊陋"。指心胸、气量、见识等狭隘。

[36] 偕(xié):共同,一块儿。

[37] 家门:泛指豪门。

[38] 先:先辈。

[39] 悔尤:怨恨。

[40] 但:只,仅仅。 暗劣:愚昧低劣(指豪门子弟的行为)。

[41] 宗:遵循的原则。这里指祖先的传统。

[42] 几微:这里指微妙。

[43] 非贤不达:非贤能之人是不能通晓的。

[44] 灾:危害,伤害。

[45] 志:记,记住。

[46] 靡(mǐ):不。

[47] 恤:顾及。 人言:别人的评论。

[48] 懵(mèng):不明。 前经:以前的经典。

[49] 解颐:开颜欢笑。这里指夸夸其谈。

[50] 恶(wù):讨厌,不喜欢。

[51] 佞(nìng):用花言巧语谄媚人。

[52] 戏谭:同"戏谈"。嬉笑言谈。

[53] 浸渍:浸染,熏陶。 僻:邪僻,偏离正道。

[54] 销刓(wán):衰微败坏。

[55] 簪(zān)裾:显贵者的服饰。借指显贵。 徒:空,徒然。

[56] 厮养:厮役。 何殊:有什么不同。

[57] 慢游:浪荡邀游。

[58] 耽嗜(shì):非常爱好。 曲糵(niè):亦作"曲蘖"、"曲櫱"。指酒。

[59] 衔(xián)杯:口含酒杯。多指饮酒。

[60] 勤事:尽心尽力于职事。

[61] 习之易荒:这里指怠惰成性、积习难改。

[62] 觉:发觉,省悟。 悔:悔过,改过。

[63] 名宦:名声与官职。

[64] 昵近权要:昵近,亲近,接近;权要,权贵。昵近权要,对权贵显要拍马逢迎。

[65] 一资半级:多称"一阶半级"。指低微的官职。

[66] 兹:这。 不韪(wěi):不是,过错。

[67] 痤疽(cuó jū):痈疽,毒疮。

[68] 砭(biān)石:古代用以治痈疽、除脓血的石针。

[69] 巫医:巫师和医师。

[70] 炯诫:亦作"炯戒"。明显的鉴戒或警戒。

[71] 方册:简牍,典籍。

[72] 覆车:覆车之戒。喻指失败的教训。

[73] 躁进:热衷于仕进,急于进取。 患失:生怕失去。

[74] 审命:审,审察,斟夺;命:天命,命运。审命,斟夺命运。

[75] 苟异:任意地标新立异。这里指不按上面说的那样去做。

包孝肃公家训

[宋]包拯[1]

后世子孙仕宦[2],有犯赃滥者[3],不得放归本家[4];亡殁之后[5],不得葬于大茔之中[6]。

仰珙刊石[7],竖于堂屋东壁,以诏后世[8]。

注释

[1] 包拯(999—1062):字希仁,北宋庐州合肥(今属安徽省)人。天圣五年(1027年)进士。仁宗时任监察御使,后任天章阁待制、龙图阁直学士,官至枢密副使。知开封府时,执法严峻,不畏权贵,以廉洁著称。卒谥"孝肃"。遗著有《包孝肃奏议》。这篇《家训》是包拯暮年时专为子孙而立的。

[2] 仕宦:做官。

[3] 赃滥:贪赃枉法。

[4] 本家:老家。

[5] 亡殁(mò):死亡。

[6] 大茔:坟墓。此指祖坟。

[7] 仰:切望。 珙(gǒng):包拯的儿子。 刊:刻。

[8] 诏:告诉,晓谕。

训子崇俭

[宋]司马光[1]

  吾本寒家[2]，世以清白相承[3]。吾性不喜华靡[4]，自为乳儿，长者加以金银华美之服，辄羞赧弃去之[5]。二十忝科名[6]，闻喜宴独不戴花[7]，同年曰[8]："君赐不可违也。"乃簪一花[9]。平生衣取蔽寒，食取充腹，亦不服垢弊以矫俗干名[10]，但顺吾性而已[11]。

  众人皆以奢靡为荣，吾心独以俭素为美[12]。人皆嗤吾固陋[13]，吾不以为病，应之曰："孔子称'与其不逊也，宁固[14]。'"又曰："以约失之者鲜矣[15]。"又曰："士志于道，而耻恶衣恶食者，未足与议也[16]！"古人以俭为美德，今人乃以俭相诟病[17]，嘻，异哉！

  近岁风俗，尤为侈靡，走卒类士服[18]，农夫蹑丝履[19]。吾记天圣中[20]，先公为群牧判官[21]，客至，未尝不置酒，或三行五行[22]，多不过七行。酒酤于市，果止于梨、栗、枣、柿之类[23]，肴止于脯、醢、菜羹[24]，器用瓷、漆[25]。当时士大夫家皆然，人不相非也。会数而礼勤[26]，物薄而情厚。近日士大夫家，酒非内法[27]，果、肴非远方珍异，食非多品，器皿非满案，不敢会宾友，常数日营聚[28]，然后敢发书[29]。苟或不然[30]，人争非之，以为鄙吝[31]，故不随俗靡者盖鲜矣。嗟呼！风俗颓弊如是[32]，居位者虽不能禁，忍助之乎[33]！

  又闻昔李文靖公为相[34]，治居第于封丘门内[35]，厅事前仅容旋马[36]。或言其太隘,公笑曰:"居第当传子孙,此为宰相厅事诚隘,为太祝、奉礼厅事已宽矣[37]。"参政鲁公为谏官[38],真宗遣使急召之[39],得于酒家,既入,问其所来,以实对。上曰[40]:"卿为清望官[41],奈何饮于酒肆[42]?"对曰:"臣家贫,客至无器皿、肴果,故就酒家觞之[43]。"上以其无隐,益重之。张文节为相[44],自奉养如为河阳掌书记时[45],所亲或规之曰:"公今受俸不少,而自奉苦也[46],公虽自信清约[47],外人颇有公孙布被之讥[48]。公宜少从众[49]。"公叹曰:"吾今日之俸,虽举家锦衣玉食,何患不能?顾人之常情[50],由俭入奢易,由奢入俭难。吾今日之俸,岂能常有?身岂能常存?一旦异于今日,家人习奢已久,不能顿俭[51],必致失所。岂若吾居位、去位、身在、身亡,常如一日乎?"呜呼!大贤之深谋远虑,岂庸人所及哉!

御孙曰[52]:"俭,德之共也;侈,恶之大也。"共,同也。言有德者,皆由俭来也。夫俭则寡欲。君子寡欲,则不役于物[53],可以直道而行;小人寡欲[54],则能谨身节用,远罪丰家[55]。故曰:"俭,德之共也。"侈则多欲。君子多欲,则贪慕富贵,枉道速祸[56];小人多欲,则多求妄用[57],丧身败家。是以居官必贿[58],居乡必盗[59]。故曰:"侈,恶之大也。"

昔正考父饘粥以糊口[60],孟僖子知其后必有达人[61]。季文子相三君[62],妾不衣帛[63],马不食粟[64],君子以为忠。管仲镂簋朱纮[65],山棁藻梲[66],孔子鄙其小器[67]。公叔文子享卫灵公,史䲡知其及祸,及戌,果以富得罪出亡[68]。何曾日食万钱[69],至孙以骄溢倾家[70]。石崇以奢靡夸人[71],卒以此死东市[72]。近世寇莱公[73],豪侈冠一时,然以功业大,人莫之非[74],子孙习其家风[75],今多穷困。其余以俭立名、以侈自败者多矣,不可遍数,聊举数人以训汝。汝非徒身当服行[76],当以训汝子孙,使知前辈之风俗云[77]。

注释

[1] 司马光(1019—1086)：北宋大臣、史学家。字君实，陕州夏县(今属山西省)涑水乡人，世称涑水先生。神宗初，任翰林兼侍读学士。所编《通志》赐名《资治通鉴》。哲宗即位，召入京主国政，任尚书左仆射兼门下侍郎。为相八个月病死，追封"温国公"。诗文有《司马文正公集》。

[2] 寒家：寒微的家庭。

[3] 世：指世世代代。

[4] 华靡：华丽奢靡。

[5] 辄(zhé)：就。 羞赧(nǎn)：羞愧，难为情。

[6] 忝(tiǎn)：羞辱，有愧。常用作谦词。

[7] 闻喜宴：唐、宋时皇帝招待新科进士举行的宴会。

[8] 同年：同榜考取的人。

[9] 簪(zān)：插戴。

[10] 垢弊：又脏又破。 矫俗：矫正世俗。 干名：求取名位。

[11] 性：性情。

[12] 俭素：俭省朴素。

[13] 固陋：闭塞、浅陋。此意为寒酸。

[14] 与其不逊也，宁固：出自《论语·述而》。原文为"奢则不逊，俭则固。与其不逊也，宁固。"意思是说，奢侈豪华使人显得傲慢，俭省朴素使人显得简陋。与其傲慢，宁可简陋。

[15] 以约失之者鲜矣：出自《论语·里仁》。意思是说，因为约束自己而造成的过失是很少见的。

[16] "士志于道"三句：出自《论语·里仁》。意思是说，读书

人有志于真理,但又以自己吃粗饭、穿破衣为耻辱.这种人不值得同他谈论真理啊!

[17] 诟(gòu)病:侮辱。后引申为指责或嘲骂。

[18] 走卒:供使唤奔走的隶卒、差役。 士服:士大夫的衣服。

[19] 蹑(niè)踩,穿。

[20] 天圣:宋仁宗年号。公元1023—1031年。

[21] 群牧判官:即群牧司判官。宋代掌管马政的官员。

[22] 行(xíng):行酒,斟酒。

[23] 止于:只限于。

[24] 脯(fǔ):干肉。 醢(hǎi):肉酱。 羹:汤。

[25] 器:器皿。

[26] 会数而礼勤:经常聚会,礼节很周到。

[27] 酒非内法:内,宫内。酒非内法,酒不是照宫内的方法酿造出来的。

[28] 营聚:置办储备。

[29] 发书:发送书信。此指发请柬。

[30] 苟或:假如,如果。

[31] 鄙吝(lìn):吝啬,过分小气。

[32] 颓弊:败坏。

[33] 忍助:忍心助长。

[34] 李文靖:即李沆(947—1004),字太初,宋洺州肥乡人。太平兴国五年(980年)举进士。太宗时为右补阙知制诰、礼部侍郎。真宗时为相。卒谥"文靖"。 相:宰相。

[35] 居第:此指住宅。 封丘门:宋朝都城东京(今河南省开封市)外城北四门之一。

[36] 厅事:官署视事问案的厅堂。　旋马:掉转马身。

[37] 太祝、奉礼:古代官名。掌祭祀祈祷之事。

[38] 鲁公:即鲁宗道,字贯之,宋亳州谯(今安徽省亳州市)人。进士。宋真宗时,拜为正言(谏官),仁宗时擢为参知政事。卒谥"肃简"。　谏官:古代掌谏议的官员。

[39] 真宗:即宋真宗赵恒(968—1022)。北宋皇帝。公元997—1022年在位。

[40] 上:皇帝。这里指宋真宗。

[41] 清望官:清廉而有名望的官。

[42] 酒肆:酒店。

[43] 就酒家觞(shāng)之:在酒馆请人饮酒。

[44] 张文节:即张知白。字用晦,宋沧州清池(今河北省沧州县东南)人。幼笃学。中进士第,累迁京东转运使,拜给事中、参政知事。宋仁宗时拜为宰相。在相慎名器,无毫发私。虽显贵,清约如寒士。卒谥"文节"。

[45] 自:自身,自己。　奉养:指生活待遇。　为:做,担任。　河阳:汉置县。治所在今河南省孟县西。后治所多有变更。明洪武初,废入孟州。　掌书记:官名。节度使属官,位在判官下,相当于六朝时的记室参军。

[46] 自奉:自身日常生活的供养。

[47] 清约:清白节俭。

[48] 公孙:指公孙弘(前200—前121),字季,西汉菑川(郡治今山东省寿光南)薛人。少为狱吏。年四十余始治《春秋公羊传》。以熟习文法吏治,被武帝任为丞相,封平津侯。　公孙布被:据《史记。平津列传》载,"弘(公孙弘)为布被,食不重肉。但汲黯曰:弘位在三公,奉禄甚多,然为布被,此诈也。"

[49] 少:稍微。

[50] 顾:但是。

[51] 顿:立刻,顿时。

[52] 御孙:春秋时鲁国大夫。

[53] 不役于物:不为外物所支配。

[54] 小人:指老百姓。

[55] 远罪:远离罪恶。即不会犯罪。 丰家:使家境丰裕。

[56] 枉道:偏离正道。 速祸:遭逢灾祸。

[57] 多求妄用:多方索取,随意挥霍。

[58] 是以:所以。

[59] 盗;做盗贼。

[60] 正考父:春秋时宋国的上卿,位高而性恭,孔丘的祖先。
　　饘(zhān)粥:稀饭。

[61] 孟僖子:春秋时鲁国大夫。 达人:通达事理的人。

[62] 季文子:春秋时鲁国大夫。曾辅佐鲁宣公、鲁成公、鲁襄公三位君主。

[63] 衣:穿。

[64] 食:喂。

[65] 管仲(?—前645):即管敬仲,名夷吾,字仲,颍上(今安徽省境)人。春秋初期齐国政治家。曾被齐桓公任命为卿,尊称"仲父"。辅佐齐桓公成为春秋五霸之首。
　　镂:雕刻。 簋(guǐ):古代盛食物的圆形器皿。
　　朱纮(hóng):纮,帽子的纽带。朱纮,鲜艳的帽带。

[66] 山棁(jié)藻棁(zhuō):山棁,刻成山形的斗拱;藻棁,画有藻文的梁上短柱。山棁藻棁,本指古代天子的庙饰。这里用以形容居处豪华奢侈,越等僭礼。

[67] 小器:器量小。指才具不大,无大作为。

[68] "公叔文子"四句:这段记载见《左传·定公十三年》。
公孙叔子、史鱛:均为春秋时卫国大夫。 享:通"飨",用酒食款待人。 戍:公孙文子之子。

[69] 何曾(199—228):西晋大臣。字颖考,陈国阳夏(今河南省太康县)人。曹魏时,官至司徒。西晋初任丞相、太傅等官职。生活奢侈,日食万钱。其子更甚,日食至两万钱。

[70] 骄溢:此指过度奢侈。

[71] 石崇(249—300):字季伦,西晋渤海南皮(今河北省南皮东北)人。官至荆州刺史。与贵戚王恺、羊琇等争为侈靡,并与王恺斗富。八王之乱,他与齐王同结党,为赵王伦所杀。

[72] 东市:西汉长安处决犯人的地方。后泛指刑场。

[73] 寇莱公:即寇准(961—1023)。北宋政治家。字平仲,华州下邽(今陕西省渭南)人。太平兴国进士。宋真宗时任宰相,曾几起几落,后封莱国公。有《寇忠愍公诗集》。

[74] 人莫之非:没有人非难他。

[75] 习:因袭。引申为继承。

[76] 非徒:不但,不仅。 身当服行:自身遵照(我的教诲)去做。

[77] 风俗:此指自家俭朴的家风。

示 季 子[1]

[明]张居正[2]

汝幼而颖异[3],初学作文,便知门路,吾尝以汝为千里驹。即相知诸公见者[4],亦皆动色相贺曰:"公之诸郎,此最先鸣者也[5]。"乃自癸酉科举之后[6],忽染一种狂气,不量力而慕古,好矜己而自足[7],顿失邯郸之步,遂至匍匐而归[8]。丙子之春[9],吾本不欲求试,乃汝诸兄咸来劝我[10]。谓不宜挫汝锐气,不得已黾勉从之[11],竟致颠蹶[12]。艺本不佳,于人可尤! 然吾窃自幸曰:"天其或者欲厚积而巨发之也。"又意汝必惩再败之耻[13],而俯首以就矩矱也[14]。岂知一年之中,愈作愈退,愈激愈颓。以汝为质不敏耶? 固未有少而了了[15],长乃憒憒者[16]。以汝行不力耶? 固闻汝终日闭门,手不释卷。乃其所造尔尔。是必鹜于高远,而力疲于兼涉,所谓之楚而北行也[17]。欲图进取,岂不难哉!

夫欲求古匠之芳躅[18],又合当世之轨辙,惟有绝世之才者能之。明兴以来[19],亦不多见。吾昔童稚登科,冒窃盛名,妄谓屈、宋、班、马[20],了不异人,区区一第,唾手可得。乃弃其本业,而驰骛古典。比及三年,新功未完,旧业已芜。今追忆当时所为,适足以发笑而自点耳[21]。甲辰下第[22],然后揣己量力,复寻前辙,昼作夜思,殚精毕力,幸而艺成。然亦仅得一第止耳. 犹未能掉鞅文场[23],夺标艺院也[24]。今汝之才,未能胜余,乃不俯寻吾之所得,而蹈吾之所失. 岂不谬哉!

吾家以诗书发迹,平生苦志励行,所以贻则于后人者[25]。自谓不敢后于古之世家名德[26]。固望汝等继志绳武[27],益加光大,与伊巫之俦[28],并垂史册耳。岂欲但窃一第,以大吾宗哉?吾诚爱汝之深,望汝之切,不意汝妄自菲薄,而甘为辕下驹也。今汝既欲我置汝不问,吾自是亦不敢厚责于汝矣。但汝宜加深思,毋甘自弃,假令才质驽下,分不可强,乃才可为而不为,谁之咎与?己则乖谬[29],而徒诿之命耶[30]?惑之甚矣!且如写字一节,吾呶呶谆谆者几年矣[31],而潦倒差讹[32],略不少变[33],斯亦命为之耶[34]?区区小艺[35],岂磨以岁月乃能工耶[36]?吾言止此矣。汝其思之!

注释

[1] 季子:最小的儿子。旧时兄弟以伯、仲、叔、季排行,季为最小。

[2] 张居正(1525—1582):明政治家。字叔大,号太岳,湖广江陵(今属湖北省)人。嘉靖进士。隆庆元年(公元1567年)入阁,穆宗死,谋代首辅。万历初年,面对军政财力多方危机,整顿吏治,整肃边备,推行改革。十年宰相,天下大治。卒谥"文忠"。有《张文忠公全集》传世。

[3] 颖异:聪慧过人。

[4] 相知:相互知心的朋友。

[5] 先鸣:首先显露。

[6] 癸酉:即公元1573年。

[7] 矜(jīn)己:夸耀自己。

[8] 邯郸之步,匍匐而归:语出《庄子·秋水》。比喻模仿不成,反而把自己原有的长处失去了。这里张居正借以告诫儿子,不要好高骛远而失去原有学问。

[9] 丙子:即公元1576年。

[10] 咸:都。

[11] 黾勉:亦作"黾俛"。勉强。

[12] 颠蹶:困顿挫折。这里指科举考试落第。

[13] 惩:戒止。

[14] 矩矱(huò):规矩、法度。

[15] 了了:聪慧,通晓事理。

[16] 懵(měng)懵:懵懂,糊涂。

[17] 之楚而北行:典出《战国策·魏策四》,即"南辕北辙"的典故。比喻行动与目的相反。亦作"背道而驰"解。

[18] 芳躅(zhuó):指前贤的踪迹。

[19] 明:指明朝。

[20] 屈、宋、班、马:指屈原、宋玉、班固、司马迁。屈原(约前340—约前278),名平,字原;又自云名正则,字灵均,战国楚人。我国最早的大诗人。初辅佐楚怀王,做过左徒、三闾大夫。被谗去职,流浪沅湘流域,终投汨罗江而死。著有《离骚》《九章》《天问》等。其作品富有积极浪漫主义精神,对后世影响很大。宋玉,战国楚辞赋家。晚于屈原,或称屈原弟子。曾事顷襄王。《史记·屈原贾生列传》说他和唐勒、景差"皆好辞而以赋见称,然皆祖屈原之从容辞令,终莫敢直谏"。其流传作品,《九辩》最为可信。班固(32—92),东汉史学家、文学家。字孟坚,扶风安陵(今陕西省咸阳东)人。曾任兰台令史、典校秘书。修成《汉书》,并著有《两都赋》等。后人辑有《班兰台集》。司马迁(约前145或前135—?),字子长,夏阳(今陕西省韩城南)人。西汉史学家、文学家、思想家。继父职任太史令。因替李陵辩解,受宫刑,忍辱发愤著史。所著《史记》,人称《太史公书》,是我国最早的通史,对后世史学和文学都有深远影响。

[21] 自点：自污,自辱。
[22] 甲辰：即公元1544年。
[23] 掉鞅：本指驾战车入敌营挑战时,下车整理马脖子上的皮带,以示御术高超,从容有余。后常用以形容才力宽绰,从容不迫。
[24] 夺标：夺取锦标。龙舟竞渡时,优胜者夺得锦标之戏。亦以喻科举考试中元。
[25] 贻则：指为后世留下典则(即家规)。
[26] 名德：名望与德行。
[27] 继志：继续前人之志。　绳武：语出《诗·大雅·下武》。称继承祖先业绩为"绳武"。
[28] 伊巫：即伊尹、巫咸。伊尹,商初大臣。名伊,尹是官名。传说出身奴隶,被商汤任以国政。助汤攻灭夏桀。汤死后,历佐卜丙(即外丙)、仲壬二王。仲壬死后,其侄太甲当立,他篡位自立,放逐太甲。后太甲潜回,将其杀死。巫咸,商王太戊的大臣。相传他发明了鼓,是用筮占卜的创始者,又是占星家,后世有假托他所测定的恒星图。　俦(chóu)：辈。
[29] 乖谬：荒谬背理。
[30] 诿：推托。
[31] 呶(náo)呶：多言,喋喋不休。这里是不厌其烦的意思。
[32] 潦倒：举止散漫。这里是潦草马虎的意思。　差(chā)讹：差错,错误。
[33] 略不少变：略不,稍微。略不少变,一点儿也没改变(指写字)。
[34] 命为之：命运所造成的。
[35] 小艺：小技艺,小本领。
[36] 工：精。

谕 长 子

[清]纪昀[1]

尔初入世途[2],择交宜慎。友直,友谅,友多闻,益矣[3]。误交真小人,其害犹浅;误交伪君子,其祸为烈矣。

盖伪君子之心,百无一同:有拗捩者[4],有黑如漆者,有曲如钩者,有如荆棘者,有如刀剑者,有如蜂虿者[5],有如虎狼者,有现冠盖形者[6],有现金银气者[7]。业镜高悬[8],亦难照彻。缘其包藏不测[9]。起灭无端[10],而回顾其形,则皆岸然道貌[11],非若真小人之一望可知也。并且,此等外貌麟鸾、中藏鬼蜮之人[12],最喜与人结交,儿其慎之。

注释

[1] 纪昀(1724—1805):字晓岚,又字春帆,清直隶河间府献县(今河北省献县)人。乾隆进士,入翰林院,官至礼部尚书、兵部尚书、协办大学士。学识渊博,为清代著名学者、文学家。曾任《四库全书》总纂官。卒谥"文达"。有《纪文达公遗集》。并撰有《阅微草堂笔记》等。

[2] 世途:人生道路。

[3] "友直"四句:出自《论语·季氏》。意思是说,同正直的

人交朋友,同诚实的人交朋友,同见多识广的人交朋友,是有益的。

[4] 拗捩(ào liè):拗折、倔服,不顺从。

[5] 蜂虿(chài):蜂与蝎。毒虫的泛称。

[6] 冠盖:冠,礼帽;盖,车盖。冠盖,官吏的服饰与车乘。借指仕宦,贵官。

[7] 金银气:此指巨贾豪富的气派。

[8] 业镜:佛教指冥界照映众生善恶的镜子。

[9] 缘:因为。 包藏:暗藏,隐藏。 不测:不可测度。言其真实思想看不清、猜不透。

[10] 起:发生,兴起。 灭:消失,结束。 无端:没有起点,没有尽头,难以捉摸。

[11] 岸然道貌:神态严肃而又高傲的样子。含贬义。

[12] 麟鸾:麟,古代传说中的珍兽;鸾,传说中凤凰之类的神鸟。麟鸾,代指高贵之人。 鬼蜮(yù):据《诗·小雅·何人斯》载,"为鬼为蜮,则不可得。"鬼和蜮都是暗中害人的精怪。后以"鬼蜮"喻用心险恶、暗中伤人的小人。

训 长 子

[清]林则徐[1]

吾儿在京，身躯当亦如常，惟须加意调护，勿使万里外老人担忧也。广东起居饮食尚适，勿念。惟鸦片充斥[2]，伐生耗财[3]，殊为可忧。闻此风已传至各地，故乡子弟亦有不幸染此癖者，殊属可恨。京中情况如何？有此毒物否？嗜此者，大率因夜眠不足，精神困顿，初则视为药品，以为稍吸无妨，继则惟知其害，而已欲罢不能矣。一失足成千古恨。吾儿须切戒之！勿以为稍吸为不足虑，更勿以暂吸为不足成瘾，须知此物之毒，不减酖酒[4]。初吸之似可振起精神，实则饮鸩止渴耳[5]。借款到手，似觉舒展，实则害已中于身矣！盖借明后日之精神，以助吾此时之精神耳。一吸以后，不吸便觉委顿[6]，而瘾成矣。迨既成瘾，则虽吸亦无效，犹之人当债务满身时，不再借固无以成活，即借亦不过用以支付利息，未能受用，卒之越弄越僵，不至毙命不止。吾儿须牢记之，慎勿堕入也。

闻吾儿睡时甚迟，此甚不可。作事须有定时，朝早起而晚早眠，况京官究属清闲，不比外省官吏，一至夕阳在山，已可出部，何必弄至深更夜半？又闻吾儿极好宾客，人在外作客，友朋固不可少，然须择人而友。京官中虽多仕流，吾儿所交者，未必尽为匪人[7]，然亦不可不慎。言语亦宜谨慎。鸦片一物，更须屏绝[8]，否则非吾子也！

注释

[1] 林则徐(1785—1850):清末政治家。字少穆,福建侯官(今福建省福州市)人。嘉庆进士。道光十七年(公元1837年)任湖广总督,力禁鸦片,为禁烟派代表人物。随即受命为钦差大臣,赴广州督办禁烟,于虎门销毁英美商人鸦片。因投降派诬害,被革职。后起用为陕西巡抚,擢云贵总督。1850年病死。谥"文忠"。能诗文,有《林文忠公政书》等。

[2] 鸦片:毒品名。用罂粟果实中的乳状汁液制成。又称阿芙蓉。通称大烟。

[3] 伐生:残害生命。

[4] 酖(zhèn)酒:毒酒。

[5] 鸩(zhèn):鸩羽浸制的毒酒。

[6] 委顿:颓丧,疲困。

[7] 匪(fěi)人:行为不端的人。

[8] 屏(bǐng)绝:断绝。

曾国藩教子书

[清]曾国藩[1]

谕曾纪鸿[2]（1856）

字谕纪鸿儿[3]：

家中之来营者[4]，多称尔举止大方，余为少慰[5]。凡人多望子孙为大官，余不愿为大官，但愿为读书明理之君子[6]。勤俭自恃，习劳习苦，可以处乐[7]，可以处约[8]，此君子也。余服官二十年[9]，不敢稍染官宦气习[10]，饮食起居，尚守寒素家风，极俭也可，略丰也可，太丰则吾不敢也。

凡仕宦之家[11]，由俭入奢易，由奢返俭难。尔年尚幼，切不可贪爱奢华，不可惯习懒惰。无论大家小家、士农工商，勤苦俭约未有不兴[12]，骄奢倦怠未有不败[13]。尔读书写字，不可间断。早晨要早起。莫坠高曾祖考以来相传之家风[14]。吾父吾叔皆黎明即起，尔之所知也。

凡富贵功名，皆有命定，半由人力[15]，半由天事[16]。惟学作圣贤[17]，全由自己作主，不与天命相干涉。吾有志学为圣贤，少时欠居敬工夫[18]，至今犹不免偶有戏言过动[19]。尔宜举止端庄，言不妄发，则入德之基也[20]。

咸丰六年丙辰九月二十九日夜

手谕[21],时在江西抚州城外[22]

注释

[1] 曾国藩(1811—1872):清末大臣、湘军首领。字涤生,湖南湘乡人。曾任礼部右侍郎。1853年初(咸丰二年底),奉命办团练,后扩编为湘军;次年率兵镇压太平天国革命运动。后与李鸿章、左宗棠兴办洋务。1865年调任钦差大臣,1870年任两江总督,1872年病死。谥"文正"。著有《曾文正公全集》。

[2] 曾纪鸿:曾国藩次子。字栗诚。同治十一年(1872年)曾国藩卒,纪鸿得赏给举人。少年好学,精于算学,锐思勇进,创立新法,同辈多折服。研究古算学取得相当成就。著有《对数评解》《圆率考真图解》。

[3] 字:书写。这里指写信。 谕:告知,告晓。

[4] 营:军队驻扎的地方。

[5] 少(shǎo):稍,略微。

[6] 君子:有道德的人。

[7] 处乐(lè):乐,快乐。处乐,生活在快乐之中。

[8] 处约:生活在贫困之中。

[9] 服官:做官。

[10] 官宦:官吏。

[11] 仕宦:出仕,做官。

[12] 俭约:俭省。

[13] 骄奢:骄横奢侈。 倦怠:疲乏懈怠,厌倦懈怠。

[14] 莫:不。 坠:丢弃,败坏。 高曾祖考:指前辈祖先。

[15] 人力:人的劳力,人的力量。

[16] 天事:指上天对人事的反映。

[17] 惟：独，只有。　圣贤：圣人和贤人。
[18] 居敬：持身恭敬。
[19] 戏言：这里指说话随便。　过动：错误的行动。
[20] 入德：进入圣人品德修养的境域。
[21] 咸丰六年丙辰：咸丰，清文宗年号（1851—1861年）。咸丰六年丙辰，即公元1856年。这一年的干支纪年为丙辰。　九月二十九日：指农历。以下月日同此。　手谕：旧指上级或尊长亲手写的指示。
[22] 江西：即今江西省。在长江中下游南岸。因赣江纵贯其间，简称赣。又因省会南昌为汉朝豫章郡治，故别称豫章。明置江西省，清沿置。　抚州：市名。在江西省东北部、抚河中游。隋以后历为抚州州、路、府治所。

谕曾记泽[1]

字谕纪泽儿：

余此次出门，略载日记，即将日记封每次家信中。闻林文忠家书[2]，即系如此办法。

尔在省仅至丁、左两家[3]，余不轻出，足慰远怀[4]。

读书之法，看、读、写、作，四者每日不可缺一。看者，如尔去年看《史记》《汉书》《韩文》《近思录》[5]，今年看《周易折中》之类是也[6]。读者，如《四书》《诗》《书》《易经》《左传》诸经、《昭明文选》、李杜韩苏之诗、韩欧曾王之文[7]，非高声朗诵则不能得其雄伟之概，非密咏恬吟则不能探其深远之韵[8]。譬之富家居积[9]：看书则在外贸易，获利三倍者也；读书则在家慎守，不轻花费者也。譬之兵家战争：看书则攻城略地，开拓土宇者也[10]；读书则深沟坚垒[11],得地能守者也。看书与子夏之"日知所亡"相近[12],读书与"无忘所能"相近,二者不可偏废。

至于写字,真行篆隶[13],尔颇好之,切不可间断一日。既要求好,又要求快。余生平因作字迟钝,吃亏不少。尔须力求敏捷,每日能作楷书一万,则几矣[14]。

至于作诸文[15],亦宜在二三十岁立定规模;过三十后,则长进极难。作四书文[16],作试帖诗[17],作律赋[18],作古今体诗,作古文[19],作骈体文[20],数者不可不一一讲求,一一试为之。少年不可怕丑,须有狂者进取之趣,过时不试为之,则后此弥不肯为矣[21]。

至于作人之道,圣贤千言万语,大抵不外"敬恕"二字。"仲弓问仁"一章[22],言"敬恕"最为亲切。自此以外,如"立则见其参于前也,在舆则见其倚于衡也"[23];"君子无众寡,无小大,无敢慢",斯为"泰而不骄"[24];"正其衣冠,俨然人望而威",斯为"威而不猛"[25],是皆言敬之最好下手者。孔言"欲立立人,欲达达人"[26];孟言"行有不得,反求诸己"[27],"以仁存心,以礼存心"[28],"有终身之忧,无一朝之患"[29]:是皆言恕之最好下手者。尔心境明白,于恕字或易著功[30],敬字则宜勉强行之[31]。此立德之基,不可不谨。科场在即[32],亦宜保养身体。余在外平安,不多及。

咸丰八年七月二十一日[33],舟次樵舍下去江西省城八十里[34]

注释

[1] 曾纪泽(1839—1890):清末外交官。字劼刚。曾国藩长子。初以荫补户部员外郎,后出使英法,两年后兼驻俄公使,为收回伊犁与俄国谈判,签订《中俄伊犁条

约》。回国后任海军衙门帮办等职。光绪十三年(1887年)著《中国先睡后醒论》,主张"强兵"优先于"富国"。有《曾惠敏公全集》。

[2] 家书:家人来往的书信。

[3] 省:指湖南省城长沙。 丁、左:指丁日昌、左宗棠。丁日昌(1823—1882),字禹生,又作雨生,广东丰顺人。贡生出身。曾国藩幕府。曾协助曾国藩和李鸿章办洋务。先后任江苏巡抚、福建巡抚,兼督船政。1880年会办南洋海防,节度水师,并充兼理各国事务大臣。左宗棠(1812—1885),清末湘军军阀、洋务派首领。字季高,湖南湘阴人。曹参与镇压太平天国起义。1866年开办福州船政局。同年调任陕甘总督,进攻捻军。1875年督办新疆军务,率兵收复乌鲁木齐,阻遏了俄、英对新疆的侵略。1881年任军机大臣,调两江总督。中法战争时督办福建军务。有《左文襄公全集》。

[4] 远怀:远大的抱负。

[5] 《史记》:原名《太史公书》。西汉司马迁撰。共一百三十篇。为我国第一部纪传体通史。约于汉武帝太初元年至征和二年间(前104—前91)撰成。 《汉书》:东汉班固撰。一百篇,分一百二十卷。我国第一部纪传体断代史。创始于班彪继《史记》而作的《后传》。班彪死,其子班固整理补充,撰成本书。其中八表和《天文志》未成稿,由班固之妹班昭和马续续成。该书是研究西汉历史的重要资料。 《韩文》:指韩愈文章的结集。《近思录》:宋朱熹、吕祖谦合撰。十四卷,分十四门。共六百二十二条。集宋代学者周敦颐、程颢、程颐和张载主要言论而成,取《论语》子张记子夏"切问而近思"

之义为书名,为阐述儒家性理的概论之作。

[6] 《周易折中》:清圣祖康熙命大学士李光地纂修。康熙皇帝每夜二更披览,一字一画,斟酌无忽,被称作"御纂"《周易析中》。全书二十二卷,首一卷。康熙五十四年(公元1715年)刻印。

[7] 《四书》:《大学》《中庸》《论语》《孟子》的合称。 《易经》:亦称《易》《周易》。儒家重要经典之一。相传为周朝人所作,内容包括《经》和《传》两部分。《经》主要是六十四卦和三百八十四爻。又有卦辞、爻辞说明卦、爻,旧传文王作辞。《传》包括解释卦辞、爻辞的文辞十篇,统称为《十翼》,旧传为孔子所作。据近人研究,并非出自一时一人之手。 《左传》:亦称《左氏春秋》或《春秋左氏传》。儒家经典之一。旧传为春秋时左丘明所撰。多用事实解释《春秋》;书中保留了大量古代史料。 《昭明文选》:即《文选》。总集名。南朝梁昭明太子萧统编,故名。选录自先秦至梁的诗文辞赋,为现存最早的诗文选集,是研究梁以前文学的重要参考资料。 李杜韩苏:即李白、杜甫、韩愈、苏轼。李白(701—762),唐朝大诗人。字太白,号青莲居士,祖籍陇西成纪(今甘肃秦安东),幼时随父迁居绵州昌隆(今四川省江油县)青莲乡。天宝初供奉翰林。其诗富有积极浪漫主义精神,对后世影响很大。有《李太白集》。杜甫(712—770),字子美。唐朝大诗人。其先代由原籍襄阳迁居巩县。肃宗时官左拾遗,世称"杜拾遗",尝自称"少陵野老"。后一度在剑南节度使严武幕中任参谋,武表为检校工部员外郎,故后人又称之为"杜工部"。其诗继承和发扬《诗经》以来的优良文学传统,成

为我国古代诗歌的现实主义高峰,具有继往开来的重要作用。有《杜工部集》。韩愈(768—824),字退之,河南河阳(今河南省孟县西)人,郡望昌黎,世称"韩昌黎"。曾任国子博士、刑部侍郎,卒谥"文"。为古文运动倡导者之一,被列为"唐宋八大家"之首。有《昌黎先生集》。苏轼(1037—1101),字子瞻,号东坡居士,眉山(今属四川省)人。北宋大文学家、书画家。官至礼部尚书,卒后追谥"文忠"。为"唐宋八大家"之一。诗文有《东坡七集》等。存世书迹有《答谢民师论文帖》等。画迹有《竹石图》等。 韩欧曾王:即韩愈、欧阳修、曾巩、王安石。欧阳修(1007—1072),字永叔,号醉翁、六一居士。吉水(今属江西省)人。北宋文学家。曾任参知政事。谥"文忠"。为"唐宋八大家"之一。撰《新五代史》,与宋祁合修《新唐书》。有《欧阳文忠集》。曾巩(1019—1083),北宋文学家。字子固,南丰(今属江西省)人,故又称曾南丰。嘉祐进士,官至中书舍人,曾为王安石所推许。为"唐宋八大家"之一。有《元丰类稿》。王安石(1021—1086),北宋政治家、思想家、文学家。字介甫,晚号半山,福州临川(今属江西省)人。曾任宰相,推行变法。为"唐宋八大家"之一。今存《王临川集》等。

[8] 密咏恬吟:恬静地吟咏。

[9] 居积:囤积。

[10] 土宇:疆土,国土。

[11] 深沟坚垒:亦称"深沟固垒"。指构筑牢固的防御工事。

[12] 子夏(前507—?):春秋末晋国温(今河南省温县西南)人,一说卫国人。卜氏,名商。孔子学生。为莒父宰。

相传《诗》《春秋》等儒家经典是由他传授下来的。　日之所亡:与下句"无忘所能"均出自《论语·子张》。原文为"日知其所亡,月无忘其所能,可谓好学也已矣"。意思是说,每天知道自己所不懂的,每月不忘记已经学会的,可以说是好学了。

[13] 真行(xíng):指汉字字体的楷书和行书。

[14] 几(jī):及,达到。引申为"行""可以"。

[15] 诸文:泛指各种文体的文章。

[16] 四书文:明清科举考试所用的文体。多取"四书"语命题,亦称八股文、时文。

[17] 试帖诗:诗体名。源于唐代,受"帖经""试帖"影响而产生,为科举考试所采用。亦称"赋得体"。其诗大体为五言六韵或八韵的排律,以古人诗句或成语为题,冠以"赋得"二字,并限韵脚。清代的试帖诗,格式限制尤严,内容大多直接或间接歌颂皇帝功德,并须切题。

[18] 律赋:指有一定格律的赋体。其音韵谐和,对偶工整,于音律、押韵都有严格规定。为唐宋以来科举考试所采用。

[19] 古文:文体名。原指先秦、两汉以来用文言写的散体文,后则相对科举应用文体而言。

[20] 骈体文:亦称"骈文"。指用骈体写成的文章,别于散文而言。起源于汉魏,以偶句为主。讲究对仗和声律,易于讽诵。

[21] 弥:益,更加。

[22] "仲弓问仁":《论语·颜渊》中的一节。

[23] "立则见其"二句:出自《论语·卫灵公》。意思是说,站着的时候,就好像看见"言忠信、行笃敬"几个字出现在

前面;在车厢里,就好像看见它们刻在车前的横木上。

[24] "君子无众寡"四句:出自《论语·尧曰》。意思是说,君子不管人多少,也不管势力大小,都不敢怠慢,这不也就是态度泰然自若而不骄傲吗?

[25] "正其衣冠"三句:出自《论语·尧曰》。原文为"君子正其衣冠,尊其瞻视,俨然人望而威之,斯不亦威而不猛乎?"意思是说,君子把衣服帽子穿戴整齐,端庄地看着前方,威严地使人望而生畏,这不也就是仪表威严而不凶猛吗?

[26] "欲立立人"二句:孔子的这两句话出自《论语·雍也》。原文为"夫仁者,己欲立而立人,己欲达而达人。"意思是说,所谓仁,应该是自己要立身而先树立别人,自己要通达而先使别人通达。

[27] 孟:即孟子(约前372—前289),名轲,字子舆,邹(今山东省邹城市东南)人。战国时思想家、政治家、教育家。受业于子思的门人。历游齐、宋、滕、魏等国。一度任齐宣王客卿,因主张不被采用,退而与弟子万章等著书立说。是孔子学说的继承者,有"亚圣"之称。著作有《孟子》。 "行有不得"二句:孟子这两句话出自《孟子·离娄上》。原文为"行有不得者,皆反求诸己,其身正而天下归之。"意思是说,任何行动如果没有收到预期效果,都应反过来从自己身上找原因,自己正直了,天下就会归顺。

[28] "以仁存心"二句:孟子的这两句话出自《孟子·离娄下》。意思是说,君子把仁放在心上,把礼放在心上。

[29] "有终身"二句:出自《孟子·离娄下》。原文为"是故君子有终身之忧,无一朝之患也。"意思是说,所以君子

有终生的忧虑,没有突如其来的祸患。
- [30] 著(zhuó)功:花费功夫,花费气力。
- [31] 勉强:尽力而为。
- [32] 科场:指科举考试。
- [33] 咸丰八年:即公元1858年。
- [34] 舟次:船停泊之所,即码头。　樵舍:打柴人的住房。

谕曾纪泽(1858)

字谕纪泽:

……

汝读《四书》无甚心得,由不能虚心涵泳[1],切己体察。朱子教人读书之法[2],此二语最为精当。尔现读《离娄》[3],即如《离娄》首章"上无道揆,下无法守"[4],我往年读之,亦无甚警惕;近岁在外办事,乃知上之人必揆诸道,下之人必守乎法[5],若人人以道揆自许[6],从心而不从法,则下凌上矣。"爱人不亲"章[7],往年读之,不甚亲切;近岁阅历日久,乃知治人不治者,智不足也。——此切己体察之一端也。

"涵泳"二字,最不易识,余尝以意测之曰:涵者,如春雨之润花,如清渠之溉稻。雨之润花,过小则难透,过大则离披[8],适中则涵濡而滋液[9]。清渠之溉稻,过小则枯槁,过多则伤涝,适中则涵养而浡兴[10]。泳者,如鱼之游水,如人之濯足[11]。程子谓鱼跃于渊[12],活泼泼地;庄子言濠梁观鱼[13],安知非乐?此鱼水之快也。左太冲有"濯足万里流"之句[14],苏子瞻有《夜卧濯足》诗[15],有《浴罢》诗[16],亦人性乐水者之一快也[17]。善读书者,须视书如水,而视此心如花、如稻、如鱼、如濯足,则"涵泳"二字,庶可得之于意言之表[18]。尔读书易于解说文义,却不甚能深入,可就朱子"涵泳"、"体察"二语悉心求之。

咸丰八年八月初三日

注释

[1] 由:原因。 涵泳:深入领会。

[2] 朱子:即朱熹(1130—1200),字元晦,一字仲晦,号晦庵、遁翁,晚年徙居福建考亭,又主讲紫阳学院,故亦别称考亭、紫阳,徽州婺源(今属江西省)人。南宋哲学家、教育家。曾任秘阁修撰等职。广注典籍,对经学、史学、文学、乐律以至自然科学均有不同程度的贡献。著有《四书章句集注》《周易本义》《诗集传》《楚辞集注》《通鉴纲目》。后人辑有《晦庵先生朱文公文集》《朱子语类》等。

[3] 《离娄》:《孟子》中的一篇,包括上、下两部分。

[4] "上无道揆"二句:这是《孟子·离娄上》中的句子。道,义理;揆(kuí),度。这两句意思是说,上面的人不按义理度量事物,下面的人就不按法度履行职守。

[5] 乎:介词。用法相当于"于"。

[6] 自许:自夸,自我评价。

[7] "爱人不亲"章:《孟子·离娄上》中的一章。爱人不亲,是说爱别人而别人不来亲近。

[8] 离披:衰残,凋敝。

[9] 涵濡(rú):滋润。 滋液:汁液渗透。

[10] 涵养:滋润养育。 浡(bó)兴:这里指生长得茂盛。

[11] 濯(zhuó)足:洗去脚上的污泥。

[12] 程子:指北宋哲学家、教育家程颢和程颐兄弟。洛阳

(今属河南省)人。曾学于周敦颐,并同为北宋理学的奠基者,世称"二程"。其学说后又为朱熹所继承和发展,故有"程朱学派"之称。著作收入《二程全书》。

[13] 庄子(约前369—286):战国时哲学家。名周,宋国蒙(今河南省商丘市东北)人。曾任蒙地漆园吏。其思想包含着朴素辩证法因素。著作有《庄子》。　濠梁:濠,濠水,在安徽凤阳县东北;梁,桥梁。濠梁,指濠水之上。庄子曾与惠子游于此,见儵鱼出游从容,因辩论鱼之乐否。

[14] 左太冲:即左思(约250—305),字太冲,临淄(今属山东省)人。西晋文学家。官秘书郎。出身寒微,不好交游。《晋书》传称其构思十年,写成《三都赋》。后人辑有《左太冲集》。　濯足万里流:左思《咏史》第五首中的诗句,紧连的两句是"振衣千仞冈,濯足万里流。"

[15] 苏子瞻:即苏轼,字子瞻,号东坡居士。《夜卧濯足》:苏东坡诗歌篇名。

[16] 《浴罢》:苏东坡诗歌篇名,即《次韵子由浴罢一首》。

[17] 乐(lè):喜爱。　快:快乐。

[18] "则'涵泳'二句:意思是说,那么"涵泳"这两个字,才有可能把它的内在意义用最恰当的语言表现出来。

谕曾纪泽(1858)

字谕纪泽:
　　……
　　尔七古诗[1],气清而词亦稳,余阅之欣慰。凡作诗,最宜讲究声调。余所选钞五古九家[2],七古六家,声调皆极铿锵,耐人百读不厌。余所未钞者,如左太冲、江文通、陈子昂、柳子厚之五古[3],鲍明远、高达夫、王摩诘、陆放翁之七古[4],声调亦清越异常。尔欲作五古七古,须熟读五古、七古各数十篇。先之以高声朗诵,以昌其气[5];继之以密咏恬吟,以玩其味。二者并进,使古人之声调拂拂然若与我之喉舌相习[6],则下笔为诗时,必有句调凑赴腕下。诗成自读之,亦自觉琅琅可诵,引出一种兴会来[7]。古人云"新诗改罢自长吟",又云"煅诗未就且长吟",可见古人惨淡经营之时,亦纯在声调上下工夫。盖有字句之诗,人籁也[8];无字句之诗,天籁也[9]。解此者,能使天籁人籁凑泊而成[10],则于诗之道思过半矣。

尔好写字,是一好气习[11]。近日墨色不甚光润[12],较去年春夏已稍退矣。以后作字,须讲究墨色。古来书家,无不善使墨者,能令一种神光活色浮于纸上[13],固由临池之勤、染翰之多所致[14],亦缘于墨之新旧浓淡,用墨之轻重疾徐,皆有精意运乎其间[15],故能使光气常新也。

余生平有三耻:学问各途[16],皆略涉其涯涘[17],独天文算学,毫无所知,虽恒星五纬亦不识认[18],一耻也;每作一事,治一业,辄有始无终[19],二耻也;少时作字,不能临摹一家之体,遂致屡变而无所成,迟钝而不适于用,近岁在军,因作字太钝,废阁殊多[20],三耻也。尔若为克家之子[21],当思雪此三耻也。推步算学[22]纵难通晓,恒星五纬,观认尚易。家中言天文之书,有"十七史"中各天文志[23],及《五礼通考》中所辑《观象授时》一种[24]。每夜认明恒星二三座,不过数月,可识毕矣。凡作一事,无论大小难易,皆宜有始有终。作字时,先求圆匀[25],次求敏捷。若一日能作楷书一万,少或七八千,愈多愈熟,则手腕毫不费力。将来以之为学,则手钞群书;以之从政,则案无留牍[26]。无穷受用,皆自写字之匀而且捷生出。——三者皆足弥吾之缺憾矣[27]。

今年初次下场[28],或中或不中[29],无甚关系。榜后即当看《诗经注疏》[30],以后穷经读史[31],二者迭进。国朝大儒[32],如顾、阎、江、戴、段、王数先生之书[33],亦不可不熟读而深思之。光阴难得,一刻千金!

以后写安禀来营[34],不妨将胸中所见、简编所得驰骋议论[35],俾余得以考察尔之进步[36],不宜太寥寥[37]。此谕。

咸丰八年八月二十日,
书于弋阳军中[38]

注释

[1]　七古:七言古体诗的省称。

[2]　钞:亦作"抄"。誊写。　五古:即"五言古诗"。诗体之一。形成于东汉初。每句五字,每篇字数不拘。用韵较灵活,可以隔句或每句押韵,可以押平声或仄声韵,可以一韵到底,也可以换韵。不讲求对仗、平仄等格律。

[3]　左太冲:即左思。　江文通:即江淹(444—505),字文通,济阳考城(今河南省兰考东)人。南朝梁文学家。官至金紫光禄大夫。早年即以文章著名,晚年所作诗文不如前期,人谓"江郎才尽"。诗歌多拟古之作。后人辑有《江文通集》。　陈子昂(661—702):字伯玉,梓州射洪(今属四川省)人。唐文学家。官右拾遗。所作感遇等诗,指斥时弊,风格高昂清峻,为唐代诗歌革新的先驱。有《陈伯玉集》。　柳子厚:即柳宗元(773—819),字子厚,河东解(今山西省运城县解州镇)人。唐文学家。曾任礼部员外郎,后贬为永州司马,又迁柳州刺史,故又称"柳柳州"。倡导古文运动,为"唐宋八大

家"之一。有《河东先生集》。

[4] 鲍明远:即鲍照(414—466),字明远,东海郯(今江苏省连云港市东)人。南朝宋文学家。曾任南朝宋临海王刘子顼前军参军,故又称"鲍参军"其诗长于乐府,尤擅七言歌行。有《鲍参军集》。 高达夫:即高适(706—765),字达夫,渤海蓨(今河北省景县)人。唐朝诗人。官散骑常侍等。其边塞诗著称于世。有《高常侍集》。

王摩诘:即王维(701—761,一作698—759),字摩诘,蒲州(今山西省永济西)人。唐朝诗人、画家。官至尚书右丞,故又称"王右丞"。其山水诗、田园诗著称于世。有《王右丞集》。 陆放翁:即陆游(1125—1210),字务观,号放翁,山阴(今浙江省绍兴)人。南宋大诗人。官至宝章阁待制。政治上主张坚决抗金,一直受到投降派压制。晚年退居家乡,然收复中原的信念始终不渝。著有《剑南诗稿》《渭南文集》《南唐书》《老学庵笔记》等。

[5] 昌:显示,显明。

[6] 拂拂然:颤动的样子。

[7] 兴(xìng)会:意趣,兴致。

[8] 人籁(lài):指人力精工制作的作品。

[9] 天籁:本指自然界的声响。后亦指文章流畅而具有自然情趣的为天籁。

[10] 凑泊:凝合,聚合。

[11] 气习:气质,习性。

[12] 墨色:墨的色泽。

[13] 神光:精神,神采。

[14] 临池:《晋书·卫恒传》中有"临池学书,池水尽黑"的句

子。后因以"临池"指学习书法。 染翰:指写字。

[15] 精意:精神意韵。

[16] 学问各途:指各种学问。

[17] 涯涘(sì):边际。这里指涉入其中。

[18] 五纬:指金、木、水、火、土五星。

[19] 辄(zhé):总是。

[20] 废阁:亦作"废格"。搁置而不实施。

[21] 克家之子:亦称"克家子"。能继承祖业的子弟。

[22] 推步:推算天象历法。古人谓日月运转于天,犹如人之行步,可推算而知。

[23] 十七史:《旧唐书·经籍志》乙部正史类有《史记》《汉书》《后汉书》《三国志》《晋书》《宋书》《南齐书》《梁书》《陈书》《后魏书》《北齐书》《周书》《隋书》共十三史。宋人加《南史》《北史》《新唐书》《新五代史》,乃有"十七史"之称。

[24] 《五礼通考》:书名。清秦蕙田编。共二百六十二卷。继清初徐乾学《读礼通考》而作。汇编吉、凶、军、宾、嘉五礼的史料,补充了徐书只讲丧礼(凶礼的一部分)之不足。为研究中国古代礼制的参考书。《观象授时》是辑入该书中的一种。

[25] 圆匀:丰满匀称。

[26] 牍(dú):古代写字用的木片。后世称公文为文牍,书札为尺牍。

[27] 弥(mí):弥补。

[28] 下场:指科举时代考生进入考场应试。

[29] 中(zhòng):考取,录取。

[30] 《诗经注疏》:此指《十三经注疏》中《毛诗正义》《毛诗

笺》《毛诗注疏》等注释《诗经》的书籍,通称《诗经注疏》。

[31] 穷经:指极力钻研经籍。

[32] 国朝:封建时代称本朝为"国朝"。这里指清朝。

大儒:泛指学问渊博的人。

[33] 顾、阎、江、戴、段、王:指顾炎武、阎若璩、江永、戴震、段玉裁、王念孙。顾炎武(1613—1682),明清之际思想家、学者。字宁人,号亭林,江苏昆山人。学者称"亭林先生"。学问渊博,于国家典制、郡邑掌故、天文仪象、河漕、兵农以及经史百家、音韵训诂之学,均有研究。著有《音学五书》《韵补正》《日知录》《亭林诗文集》等。阎若璩(1636—1704),清经学家。字百诗,号潜丘,山西太原人,迁居江苏淮安。长于考证。撰《古文尚书疏证》《四书释地》《潜丘札记》等。江永(1681—1762),清经学家、音韵学家。字慎修,婺源(今属江西省)人。长于比勘,深究《三礼》,撰《周礼疑义举要》。又精于音理,注重审音,撰《古韵标准》《音学辨微》《四声切韵表》。另有《近思录集解》《乡党图考》《律吕阐微》《深衣考误》等书。为学以考据见长,开皖派经学研究之风。戴震(1723—1777),清思想家、学者。字东原,安徽休宁人。问学于江永。乾隆间修《四库全书》,特召为纂修官,在馆五年,病死。博闻强记,对天文、数学、历史、地理均有深刻研究,于经学、语言学有重要贡献,卓然为一位考据大师。著有《原善》《原象》《孟子字义疏证》《声韵考》《声类表》《方言疏证》等。后人编有《戴氏遗书》。段玉裁(1735—1815),清文字训诂学家、经学家。字若膺,号茂堂,江苏金坛人。师事戴震,著

《说文解字注》《六书音韵表》,分古韵为六类十七部,"支""脂""之"三部分立,是他的创见。又有《古文尚书撰异》《诗经小学》《周礼汉读考》《经韵楼集》等书。王念孙(1744—1832),字怀祖,号石臞,江苏高邮人。清经学家、训诂学家。乾隆进士,官永定河道。著有《广雅疏证》《读书杂志》《古韵谱》等书。

[34] 安禀:指晚辈写给长辈的书信。

[35] 简编:指书籍。

[36] 俾(bǐ):使。

[37] 寥寥:形容数量少。

[38] 弋(yì)阳:县名。南北朝时改葛阳县置,属江西省。

谕曾纪泽(1858)

字谕纪泽:

十月十一日接尔安禀,内附隶字一册。二十四日接澄叔信[1],内附尔临《玄教碑》一册[2]。王五及各长夫来[3],具述家中琐事甚详。

尔信内言读《诗经注疏》之法,比之前一信已有长进。凡汉人传注、唐人之疏[4],其恶处在确守故训[5],失之穿凿[6];其好处在确守故训,不参私见。释"谓"为"勤",尚不数见;释"言"为"我",处处皆然。盖亦十口相传之诂,而不复顾文气之不安[7]。如《伐木》为文王与友人入山[8],《鸳鸯》为明王交于万物[9],与尔所疑《螽斯》章解[10],同一穿凿。朱子《集传》[11],一扫旧障,专在涵咏神味,虚而与之委蛇[12],然如《郑风》诸什[13],注疏以为皆刺忽者固非[14],朱子以为皆淫奔者亦未必是[15]。尔治经之时,无论看注疏,看朱传[16],总宜虚心求之。其惬意者,则以朱笔识出[17];其怀疑者,则以另册写一小条,或多为辩论,或仅著数字,将来疑者渐晰,又记于此条之下,久久渐成卷帙[18],则自然日进。高邮王怀祖先生父子[19],经学为本朝之冠,皆自札记得来。吾虽不及怀祖先生,而望尔为伯申氏甚切也[20]。

尔问时艺可否暂置[21],抑或他有所学?余惟文章之可以道古,可以适今者,莫如作赋[22]。汉魏六朝之赋,名篇巨制,具载于《文选》,余尝以《西征》《芜城》及《恨》《别》等赋示尔矣。其小品赋,则有《古赋识小录》[23]。律赋[24],则有本朝之吴榖人、顾耕石、陈秋舫诸家[25]。尔若学赋,可与每三、八日作一篇,大赋或数千字,小赋或仅数十字,或对或不对,均无不可。此事比之八股文略有意趣,不知尔性与之相近否?

尔所临隶书《孔宙碑》[26],笔太拘束,不甚松活,想系执笔太近毫之故,以后须执于管顶。余以执笔太低,终身吃亏,故教尔趁早改之。《玄教碑》墨气甚好,可喜可喜。郭二姻叔嫌左肩太俯[27],右肩太耸。吴子序年伯欲带归示其子弟[28]。尔字姿于草书尤相宜,以后专习真草二种,篆隶置之可也。四体并习,恐将来不能一工。

余癣疾近日大愈,目光平平如故。营中各勇夫病者,十分已好六七,惟尚未复元,不能拔营进剿,良深焦灼。闻甲五目疾十愈八九,欣慰之至。尔为下辈之长,须常常存个乐育诸弟之念。君子之道,莫大乎与人为善,况兄弟乎?临三、昆八,系亲表兄弟,尔须与之互相劝勉。尔有所知者,常常与之讲论,则彼此并进矣。此谕。

咸丰八年十月二十五日

注释

[1] 澄叔:即曾纪泽的叔父、曾国藩的二弟曾国潢,字澄侯,

故称"澄叔"。
[2] 《玄教碑》：即《玄教宗传碑》。元碑,虞集撰文,赵孟頫书写并篆额,皆奉敕所作。楷书凡二十六行,行六十四字,是碑笔法秀丽生动,具显赵书本色。
[3] 长(cháng)夫:长工。
[4] 传(zhuàn)注:亦作"传註"。解释经籍的文字。 疏:指阐述经书及其旧注的文字。
[5] 恶(è):坏。 故训:训诂。
[6] 穿凿:牵强附会。
[7] 顾:顾惜。引申为考虑。
[8] 《伐木》：《诗经·小雅》中的一篇,为欢宴友朋故旧的乐歌。
[9] 《鸳鸯》：《诗经·小雅》中的一篇,为诸侯赞美天子的乐歌。
[10] 《螽斯》：《诗经·国风》中的一篇,为称颂多子多福的诗。螽,音 zhōng。
[11] 朱子:指朱熹。 《集传》:即朱熹所著《诗集传》。共二十卷,后人并为八卷。其书杂采《毛传》《郑笺》,间用三家诗义,意在探求《诗经》本义。所说与《诗序》颇多不同,对破除盲目崇信《诗序》的观念有一定作用,但有些论点流于主观臆断,甚至把涉及爱情的作品都说成"男女淫佚之诗",表现了封建的道学观念。
[12] 委蛇(yí):亦作"委虵""委蚘"。绵延屈曲的样子。
[13] 《郑风》：《诗经》十五国风之一。
[14] 刺忽:刺,讽刺;忽,指公子忽。即郑国国君郑昭公。郑庄公世子,名忽。郑庄公死后,继国君位三年。卒谥"昭"。

[15] 淫奔:旧指男女私相奔就,自行结合。这里指朱熹把《诗经》中的爱情诗称为"男女淫佚之诗"。

[16] 朱传:指朱熹所著《诗集传》。

[17] 朱笔:蘸红色的毛笔。多用以批点或校阅文稿。

[18] 卷帙(zhì):书可舒卷的叫卷;数卷成束,用布或布囊装起来叫帙,即书套。后来通称书籍册数为卷帙。这里指成册的文稿。

[19] 高邮:明初改高邮府置高邮州,辖境相当于今之江苏省高邮、宝应、兴华等县地。清朝不辖县。1912 年改为县。 王怀祖:即王念孙,字怀祖。念孙父安国、子引之,三世传经,人称"高邮王氏之学"。

[20] 伯申氏:即王引之(1766—1834),字伯申,号曼卿,江苏高邮人。清经学家、训诂学家。嘉庆进士,官至工部尚书。继承其父王念孙音韵训诂之学,世称"高邮王氏父子"。所著《经传释词》《经义述闻》等,为研究训诂的重要参考书。

[21] 时艺:即时文、八股文。

[22] 赋:文体名。是韵文和散文的综合体。讲究词藻、对偶、用韵。最早以《赋》名篇的一般认为是战国荀况的《赋篇》,后该文体盛行于汉、魏、六朝。

[23] 《古赋识小录》:王芑孙辑。共八卷。清嘉庆间刻印。

[24] 律赋:指有一定格律的赋体。其音韵谐和,对偶工整,于音律押韵都有严格规定,为唐宋以来科举考试所采用。

[25] 吴榖人:即吴锡麟(1746—1818),字圣徵,号榖人,浙江钱塘(今杭州市)人。清文学家。乾隆进士。官祭酒。后主讲扬州、安定等书院。以骈文著名,又能诗及词曲。

著有《有正味斋集》。　顾耕石：即顾元熙，字丽内，号耕石，清长洲人。嘉庆进士。官至翰林院侍读，督学广东卒。为诗古文辞俱隽雅。　陈秋舫：即陈沆(1785—1825)，原名陈学谦，字太初，号秋舫，湖北蕲水(今浠水)人。清文学家。嘉庆进士。官四川道监察御史。能诗。有《近思录补注》《简学斋诗存》《诗比兴笺》等。

[26]　《孔庙碑》：全称《汉泰山都尉孔君之碑》。东汉隶书碑刻。延熹七年(164年)立于孔庙。碑高七尺三寸，宽四尺，字十五行，满行二十八字。书势婉秀端谨，为汉隶中以韵致胜者。有正书局影印宋拓本、文明书局影印明拓本、艺苑真赏社影印清初拓本等。

[27]　姻叔：指兄弟岳父或姊妹的公公。年长于自己父亲的，称姻伯；年少于自己父亲的，称姻叔。

[28]　吴子序：即吴嘉宾，字子序，清南丰人。道光进士，选庶吉士，授编修。坐事落职，戍守军台。咸丰年间以内阁中书组织民间武装，抵御太平天国起义军，城陷而死。治经学颇有成绩，著有《五经说》《四书说》《求自得之室文钞》。　年伯：原指与父亲同年登科的长辈。后泛指父辈。

谕曾纪泽(1858)

字谕纪泽：

　　二十五日寄一信，言诵《诗经注疏》之法。二十七日县城二勇至[1]，接尔十一日安禀，具悉一切。

　　尔看天文，认得恒星数十座，甚慰甚慰。前信言《五礼通考》中

《观象授时》二十卷内恒星图最为明晰,曾翻阅否?国朝大儒于天文历数之学[2],讲求精熟,度越前古[3]。自梅定九、王寅旭以至江、戴诸老[4],皆称绝学,然皆不讲占验,但讲推步。占验者,观星象云气以卜吉凶,《史记·天官书》《汉书·天文志》是也。推步者,测七政行度[5],以定授时[6],《史记·律书》《汉书.律历志》是也。秦味经先生之《观象授时》[7],简而得要,心壶既肯究心此事[8],可借此书与之阅看,《五礼通考》内有之,《皇清经解》内亦有之[9]。若尔与心壶二人能略窥二者之端绪[10],则是以补余之缺憾矣。

四六落脚一字粘法[11],另纸写示……但愿尔专心读书,将我所好看之书领略得几分,我所讲求之事钻研得几分,则余在军中,心常常自慰。

尔每日之事,亦可写日记,以便查核。

咸丰八年十月二十九日建昌营次[12]

注释

[1] 勇:清代指地方临时招募的兵卒。

[2] 历数:推算岁时节候的方法。

[3] 度越:超过。

[4] 梅定九:即梅文鼎(1633—1721),字定九,号勿庵,安徽宣城人。清代天文学家、数学家。著述八十多种,其中《几何补编》四卷,有一定创见。 王寅旭:即王锡阐(1628—1682),字寅旭,号晓庵,吴江(今属江苏省)人。清代天文学家。精通天文,经常进行天文观测。独立发明计算金星、水星凌日的方法,并提出精确计算日月食的方法。著有《晓庵新法》《五星行度解》等。 江、戴:指江永、戴震。

[5] 七政:古天文术语。说法不一:(1)指日、月和金、木、

水、火、土五星;(2)指天、地、人和四时;(3)指北斗七星。以七星各主日、月、五星,故曰七政。 行度:运行的度数。

[6] 授时:据《书·尧典》载,"历象日月星辰,敬授人时。"后因称颁行历书为"授时"。

[7] 秦味经:即秦蕙田(1702—1764),字树峰,号味经,清江苏金匮(今无锡市)人。历任礼部侍郎、工部尚书、刑部尚书、署翰林院掌院学士等职。继徐乾学《读礼通考》而作《五礼通考》。

[8] 究心:专心研究。

[9] 《皇清经解》:清代训释儒家经典书籍的汇刻。阮元主编。搜集清初至乾隆、嘉庆年间的经学著作七十四家,共一千四百余卷,版藏广州学海堂侧文澜堂,故又名《学海堂经解》。

[10] 端绪:头绪。

[11] 四六:即四六文,文体名,骈文的一种,全篇多以四字六字相间为句,世称骈四俪六。 落脚:诗句的末尾。
粘(niān):"粘"与"对"均为诗律术语,前后两句同一位置的字平仄相反为"对",相同为"粘"。

[12] 建昌:明改肇昌府为建昌府,清辖境相当今江西省南城、资溪、南丰、黎川、广昌等县地。 营次:军队驻扎地。

谕曾纪泽(1858)

字谕纪泽:

初一接尔十二日一禀,得知四宅平安[1],尔将有长沙之行[2],

想此时又归也。少庚早世[3],贺家气象日以凋耗。尔当常常寄信与尔岳母,以慰其意;每年至长沙走一二次,以解其忧。耦庚先生学问文章[4],卓绝辈流[5],居官亦恺恻慈祥[6],而家运若此,是不可解!尔挽联尚稳妥。

《诗经》字不同者,余忘之。凡经文版本不合者,阮氏校勘记最详(阮刻《十三经注疏》,今年六月在岳州寄回一部,每卷之末皆附校勘记,《皇清经解》中亦刻有校勘记,阅取可也)[7]。凡引经不合者,段氏《撰异》最详(段茂堂有《诗经撰异》《书经撰异》等著[8],俱刻于《皇清经解》中),尔翻而校对之,所疑者明矣。

咸丰八年十二月初三日

注释

[1] 四宅:与后文"五宅",均指四处、五处住宅。即指曾国藩及其弟弟们的住宅。

[2] 长沙:府名。明洪武五年(1372年)改潭州府置,治所在长沙(今长沙市)。清为湖南省省会所在地。

[3] 早世:过早地死去。

[4] 耦庚:即贺长龄(1785—1848),字耦庚(耕),号耐菴,清湖南善化(今长沙市)人。嘉庆进士。道光时历任江苏、福建、直隶等省布政使、贵州巡抚、云贵总督等职。主张查禁私种罂粟和吸食鸦片。曾参与镇压云贵地区农民起义。重视经世致用之学。著有《耐菴诗文集》。

[5] 卓绝:超过一般,无可比拟。 辈流:同辈人。

[6] 恺恻(kǎicè):和乐恻隐。

[7] 阮氏:指阮元(1764—1849),字伯元,号芸台,江苏仪征人。清学者。官湖广、两广、云贵总督,体仁阁大学士。罗致学者从事编书刊印工作,主编《经籍纂诂》,校刻

《十三经注疏》，汇刻《皇清经解》等。所著《畴人传》《积古斋钟鼎彝器款识》，可供研究我国历代天文学家、数学家生平和古文字学。有《揅经室集》。 《十三经注疏》：十三部儒家经典的注疏。四百十六卷。南宋以后，开始合刻，明嘉靖、万历间都曾刊行。清乾隆初有武英殿本。其后阮元据宋本重刻，并撰《十三经注疏校勘记》。 岳州：隋开皇九年(589年)改巴州置岳州，治所在巴陵(今岳阳市)。唐以后辖境略小。元改为路，明改为府。1913年废。

[8] 段氏：指段玉裁。《撰异》：指段玉裁所著《诗经撰异》《书经撰异》。

谕曾纪泽(1858)

字谕纪泽：

日来接尔两禀，知尔《左传注疏》将次看完[1]。《三礼注疏》[2]，非将江慎修《礼书纲目》识得大段[3]，则注疏亦殊难领会，尔可暂缓，即《公》《穀》亦可缓看[4]。尔明春将胡刻《文选》细看一遍[5]，一则含英咀华[6]，可医尔笔下枯涩之弊；一则吾熟读此书，可常常教尔也。

沅叔及寅皆先生望尔作四书文[7]，极为勤恳。余念尔庚申、辛酉下两科场[8]，文章亦不可太丑，惹人笑话。尔自明年正月起，每月作四书文三篇，俱由家信内封寄营中。此外或作得诗赋论策[9]，亦即寄呈。

写字之中锋者[10]，用笔尖着纸。古人所谓"蹲锋"[11]，如狮蹲、虎蹲、犬蹲之象。偏锋者[12]，用笔毫之腹着纸，不倒于左，则倒于右。当将倒未倒之际,一提笔则为蹲锋,是用偏锋者,亦有中锋时也。此谕。

咸丰八年十二月十三日

注释

[1] 《左传注疏》:指《十三经注疏》中注释《春秋左传》的书。

[2] 《三礼注疏》:指《十三经注疏》中注释《周礼》《仪礼》《礼记》的书。

[3] 江慎修:即江永。　大段:大部分。

[4] 《公》:即《春秋公羊传》,简称《公羊传》。相传为战国时齐人公羊高所撰,专门阐释鲁史《春秋》。　《穀》:即《春秋穀梁传》或《穀梁春秋》,简称《穀梁传》。儒家经典之一。战国人穀梁赤撰。专门阐释《春秋》,为研究秦汉间和汉初儒家思想的重要资料。

[5] 胡刻《文选》:即清嘉庆间胡克家重刻宋刊本《昭明文选》,并附《考异》十卷。

[6] 含英咀华:亦作"含菁咀华"。比喻欣赏、体味或领会诗文的精华。

[7] 沅叔:即曾纪泽的叔父、曾国藩的四弟曾国荃(1824－1890),字沅甫,故称"沅叔"。曾国荃为清末湘军将领,因镇压太平天国起义受到清廷重用,升任浙江巡抚,1866年调任湖北巡抚。后因对捻军作战失败,称病退职。光绪即位后,又历任陕西、山西巡抚,1884年任两江总督。

[8] 庚申:即公元1860年。　辛酉:即公元1861年。

[9] 论:文体的一种。即议论文。　策:即"策问"。文体

名。提出有关经义或政事等问题,以简策难问,征求对答,谓之"策问"。对答者因其意图而阐发议论者曰"射策",针对问题而陈述政事者曰"对策"。起源于汉代,后世科举考试多采用之。

[10] 中锋:写毛笔字、画国画,行笔不偏不侧,将笔的主锋保持在点、画之中,称"中锋"。

[11] 蹲锋:毛笔书写的一种笔势。凡作趯笔时,用力一顿,随将笔锋上挑,称"蹲锋"。

[12] 偏锋:指以偏侧的笔锋取势,是对"正锋"而言。

谕曾纪泽(1858)

字谕纪泽:

　　闻尔至长沙已逾月余,而无禀来营,何也?少庚讣信百余件,闻皆尔亲笔写之,何不发刻[1]?或倩人帮写[2]?非谓尔宜自惜精力,盖以少庚年未三十,情有等差[3],礼有隆杀[4],则精力亦不宜过竭耳。近想已归家度岁?

　　今年家中因温甫叔之变[5],气象较之往年迥不相同。余因去年在家争辨细事,与乡里鄙人无异,至今深抱悔憾,故虽在外,亦恻然寡欢。尔当体我此意,于叔祖各叔父母前尽些爱敬之心[6],常存休戚一体之念[7],无怀彼此歧视之见,则老辈内外必器爱尔,后辈兄弟姊妹必以尔为榜样。日处日亲,愈久愈敬,若使宗族乡党皆曰纪泽之量大于其父之量,则余欣然矣。

　　余前有信教尔学作赋,尔复禀并未提及。又有信言"涵养"二字,尔复禀亦未之及。嗣后我信中所论之事,尔宜一一禀复。

　　余于本朝大儒,自顾亭林之外[8],最好高邮王氏之学[9]。王安国以鼎甲官至尚书[10],谥"文肃"[11],正色立朝,生怀祖先生[12],念孙经学精卓,生王引之,复以鼎甲官尚书,谥"文简",三代皆好学深思,有汉韦氏、唐颜氏之风[13]。余自憾学问无成,有愧王文肃公远甚[14],而望尔辈为怀祖先生,为伯申氏,则梦寐之际,未尝须臾忘也[15]。怀祖先生所著《广雅疏证》《读书杂志》[16],家中无之。伯申氏所著《经义述闻》《经传释词》[17],《皇清经解》内有之,尔可试取一阅,其不知者,写信来问。本朝穷经者,皆精小学[18],大约不出段、王两家之范围耳[19]。

咸丰八年十二月三十日

注释

[1] 发刻:交付刻板印刷,付印。

[2] 倩(qiàn)人:请托别人。

[3] 等差(chā):等级差别。

[4] 隆杀:指尊卑、厚薄、高下。

[5] 温甫叔:即曾纪泽的叔父、曾国藩的三弟曾国华,字温甫。参与镇压太平天国农民起义,兵败而死。"温甫叔之变",即指此事。

[6] 叔祖:父亲的叔父,即叔祖父。这里指曾国藩的叔父。

[7] 休戚:喜欢和忧虑。亦泛指有利的和不利的遭遇。

[8] 顾亭林:即顾炎武。

[9] 高邮王氏之学:高邮王安国、王念孙、王引之,祖孙三代传经,被称为"高邮王氏之学"。

[10] 王安国:字书城,号春圃,清高邮人。官至吏部尚书。安国起家寒素,由巡抚入为尚书,衣食器用,不改于旧。惠以经学训子孙,不杂世事,卒谥"文肃"。 鼎甲:科举制度中状元、榜眼、探花之总称。鼎有三足,一甲共

三名,故称。　尚书:官名。秦置,为少府属官,掌管文书,职任很低。其后职位日高。隋唐设尚书省,以左右仆射分管六部。明初废中书省,以六部尚书分理政务。清末改官制并六部,改尚书为大臣。

[11] 谥(shì):古代帝王或大官僚等死后,追加一个好的或坏的称号作为评价,称"谥"。例如评价好的谥作"文""武"之类,评价坏的谥作"幽""厉"之类。

[12] 怀祖:即王念孙,字怀祖。

[13] 汉韦氏:指西汉邹人韦贤、韦玄成父子,笃志好学,世习《鲁诗》,号称"邹鲁大儒"。父子皆以明经官至丞相。故邹鲁间有谚云:"遗子黄金满籝,不如教子一经。"韦氏父子传授的《鲁诗》学派,世称"韦氏学"。　唐颜氏:指颜之推之后,唐代的颜游秦、颜师古、颜真卿等几代人,他们少传家学,博览经书,成绩卓著。几代好学,堪称法式。

[14] 王文肃:指王安国,卒谥"文肃",故称。

[15] 须臾:一会儿。

[16] 《广雅疏证》:训诂学书。共二十卷。清王念孙撰。博搜汉前古训,由古音以求古义,颇多创见。又以《广雅》向无善本,讹文脱字甚多,乃旁考诸书,加以订正。《读书杂志》:校勘和训诂书。共八十二卷。清王念孙撰。所校古书有《逸周书》《战国策》《史记》《汉书》《管子》《晏子春秋》《墨子》《荀子》《淮南内篇》九种。

[17] 《经义述闻》:训诂文字学书。清王引之撰。共三十二卷。将《周易》《尚书》《毛诗》《周礼》《仪礼》《大戴礼记》《礼记》《左传》《国语》《公羊传》《穀梁传》《尔雅》诸书,审定句读、讹字、衍文、脱简,其中训释大都述其

父王念孙之说,故名。为研究文字、训诂、音韵的参考书。《经传释词》:训诂学书。共十卷。清王引之撰。搜集周、秦、西汉古书中的虚字一百六十个,就其用法追溯原始和演变,为研究训诂和语法的参考书。

[18] 小学:汉代称文字学为小学。隋唐以后,小学则是对文字学、训诂学、音韵学的总称。

[19] 段、王:指段玉裁、王念孙。

谕曾纪泽(1859)

字谕纪泽:

三月初二日接尔二月二十日安禀,得知一切。内有贺丹麓先生墓志,字势流美,天骨开张[1],览之欣慰。惟间架间有太松之处,尚当加功。大抵写字只有用笔、结体两端[2]。学用笔,须多看古人墨迹;学结体,须用油纸摹古帖。此二者,皆决不可易之理。小儿写影本,肯用心者,不过数月,必与其摹本字相肖[3]。吾自三十岁,已解古人用笔之意,只为欠缺间架工夫,便尔作字不成体段[4]。生平欲将柳诚悬、赵子昂两家合为一炉[5],亦为间架欠工夫,有志莫遂[6]。尔以后当从间架用一番苦功,每日用油纸摹帖,或百字,或二百字,不过数月,间架与古人逼肖而不自觉,能合柳、赵为一[7],此吾之素愿也。不能,则随尔自择一家,但不可见异思迁耳。

不特写字宜摹仿古人间架[8],即作文亦宜摹仿古人间架。《诗经》造句之法,无一句无所本。《左传》之文,多现成句调。扬子云为汉代文宗[9],而其《太玄》摹《易》[10],《法言》摹《论语》[11],《方言》摹《尔雅》[12],《十二箴》摹《虞箴》,《长杨赋》摹《难蜀父老》,《解嘲》摹《客难》,《甘泉赋》摹《大人赋》,《剧秦美新》摹《封禅文》,《谏不许单于朝书》摹《国策·信陵君谏伐韩》[13],几乎无篇不摹。即韩、欧、曾、苏诸巨公之文[14],亦皆有所摹拟,以成体段。尔以后作文作诗赋,均宜心有摹仿,而后间架可立,其收效较速,其取经较便。

前信教尔暂不必看《经义述闻》,今尔此信言业看三本,如看得有些滋味,即一直看下去,不为或作或辍,亦是好事。惟《周礼》《仪礼》《大戴礼》《公》《穀》《尔雅》《太岁考》等卷[15],尔向来未读过正文者,则王氏《述闻》亦暂可不观也[16]。

尔思来营省觐[17],甚好。余亦思尔来一见。婚期既定五月二十六日,三四月间自不能来,或七月晋省乡试[18],八月底来营省觐亦可。身体虽弱,处多难之世,若能风霜磨炼,苦心劳神,亦自足坚筋骨而长识见。沅甫叔向最羸弱[19],近日从军,反得壮健,亦其证也。赠伍嵩生之君臣画像乃俗本,不可为典要。奏摺稿当钞一目录付归[20],余详诸书信中。

咸丰九年三月初三日[21]

注释

[1] 天骨:本指骏马躯干。这里指字的间架、结构。

[2] 用笔:指书画的运笔。

[3] 相(xiāng)肖:相似。

[4] 体段:指字或诗文的形式、结构。

[5] 柳诚悬:即柳公权(778—865),字诚悬,京兆华原(今陕西省耀县)人。唐书法家。官至太子少师。工书,正楷尤知名。与颜真卿并称"颜柳"。书碑很多,以《玄秘塔碑》《金刚经》《神策军碑》为最著。书迹有《送梨帖题跋》。　赵子昂:即赵孟頫(fǔ)(1254—1322),字子昂,号松雪道人、水精宫道人,中年曾作孟俯,湖州(今

浙江省湖州市)人。元书画家。官至翰林学士承旨,封魏国公,谥"文敏"。工书法,尤精正、行书和小楷。擅画。存世书迹甚多,有《洛神赋》《道德经》等;画迹有《重江迭嶂》《东洞庭》等。能诗文,兼工篆刻。有《雪松斋集》。

[6] 莫(mò):或许。 遂:成功,如愿。

[7] 柳、赵:指柳公权、赵孟頫。

[8] 特:只,但。

[9] 扬子云:即扬雄(前53—前18),一作杨雄,字子云,蜀郡成都人。西汉文学家、哲学家、语言学家。著有《輶轩使者绝代语释别国方言》(后人习称《方言》)《法言》《太玄》等。 文宗:指广受推崇、敬仰的文人。

[10] 《太玄》:亦称《太玄经》。西汉扬雄著。共十卷。体裁摹拟《周易》,内容则是儒、道、阴阳三家的混合体。全书以"玄"为中心思想,相当于《老子》的"道"和《周易》的"易"。

[11] 《法言》:西汉扬雄摹拟《论语》体裁写成,共十三卷。内容以儒家传统思想为中心,论点有无神论倾向。《论语》:儒家经典之一。孔子弟子及其再传弟子关于孔子言行的记录,是研究孔子思想的主要资料。

[12] 《方言》:语言和训诂书。全称《輶轩使者绝代语释别国方言》。西汉扬雄著。今本十三卷。杨雄撰此书经二十七年,似尚未完成。体例仿《尔雅》,类集古今各地同义词语,并多注明通行范围,从而可以看出汉代语言分布情况。为研究古代词语的重要资料。

《尔雅》:我国最早解释词义的专著。由汉初学者缀辑周汉诸书旧文,递相增益而成。为考证词义和古代名物的重要资料。

[13] 《国策》:即《战国策》。战国时游说之士的策略和言论汇编。由西汉末刘向编订。

[14] 韩、欧、曾、苏:指韩愈、欧阳修、曾巩、苏轼。

[15] 《周礼》……《太岁考》:均为收入《经义述闻》中的书名。

[16] 《述闻》:即《经义述闻》。

[17] 省觐(xǐng jìn):探望父母或其他尊长。

[18] 晋省:进省城,到省城。 乡试:明清两代每三年一次在各省省城(包括京城)举行的考试。考期在八月。分三场。考中的称为举人。

[19] 羸(léi):瘦弱。

[20] 奏摺(zhé):明清两代官员向皇帝奏事的文书。因用摺本缮写,故名。又称"摺子"。

[21] 咸丰九年:即公元1859年。

谕曾纪泽(1859)

字谕纪泽儿:

廿二日接尔禀并《书谱叙》[1],以示李少荃、次青、许仙屏诸公[2],皆极赞美,云尔钩联顿挫,纯用孙过庭草法[3],而间架纯用赵法[4],柔中寓刚,绵里藏针,动合自然等语,余听之亦欣慰也。

赵文敏集古今之大成[5],于初唐四家内师虞永兴[6],而参以钟绍京[7],以此上窥二王[8],下法山谷[9],此一径也;于中唐师李北海[10],而参以颜鲁公与徐季海之沉着[11],此一径也;于晚唐师苏灵芝[12],此又一径也。由虞永兴以溯二王及晋六朝诸贤,世所称南派者也[13]；由李北海以溯欧、褚及魏北齐诸贤[14]，世所谓北派者也[15]。尔欲学书，须窥寻此两派之所以分：南派以神韵胜，北派以魄力胜。宋四家[16]，苏、黄近于南派[17]，米、蔡近于北派[18]，赵子昂欲合二派而汇为一[19]。尔从赵法入门，将来或趋南派，或趋北派，皆可不迷于所往。我先大夫竹亭公[20]，少学赵书[21]，秀骨天成[22]。我兄弟五人，于字皆下功夫，沅叔天分尤高。尔若能光大先业，甚望甚望！

制艺一道[23]，亦须认真用功。邓瀛师，名手也。尔作文，在家有邓师批改，付营有李次青批改，此极难得，千万莫错过了。付回赵书《楚国夫人碑》[24]，可分送三先生（汪、易、葛）二外甥及尔诸堂兄弟。又旧宣纸手卷、新宣纸横幅，尔可学《书谱》，请徐柳臣一看。此嘱。

咸丰九年三月二十三日

注释

[1]　廿：二十的俗称。　《书谱叙》：亦作《书谱序》。即《书谱》。书学论著。唐书法家孙过庭撰文并书写，共二卷六篇，现仅存其手书真迹一卷，题作"书谱卷上"，《宣和书谱》则题作《书谱序》。

[2]　李少荃：即李鸿章（1823—1901）。清末淮军军阀、洋务派首领。字少荃，安徽合肥人。道光进士。1853年在籍办团练抵抗太平军，继而当曾国藩幕僚。1865年任两江总督，次年继曾国藩任钦差大臣，镇压捻军起义。1870年任直隶总督兼北洋大臣。后又兴办洋务运动。对外一贯妥协投降，曾先后签订了一系列丧权辱国的不平等条约。有《李文忠公全集》。　次青：即李元度（1821—1887），字次青，号笏庭，别号天岳山樵、超园老

人,湖南平江人。道光举人。官贵州布政。著有《先正事略》《平江志》《天岳山馆集》等。 许仙屏:即许振祎。清代人。

[3] 孙过庭:唐书法家、书学理论家。字虔礼,陈留(今属河南省)人。官率府录事参军。工正、行、草书,尤以草书擅名。所撰著并书写的《书谱》,今仅存上卷,是一部书、文并茂的书法理论著作。

[4] 赵法:指赵孟𫖯的书体笔法。

[5] 赵文敏:即赵孟𫖯。因谥"文敏",故称。

[6] 初唐四家:指唐初四位有风格的书法家,即虞世南、欧阳询、褚遂良、薛稷。 虞永兴:即虞世南(558—638),唐初书法家。字伯施,越州余姚(今属浙江省)人。官至秘书监,封永兴县子。人称"虞永兴"。能文辞,工书法。正书碑刻有《孔子庙堂碑》。编有《北堂书钞》。

[7] 钟绍京:字可大,唐虔州赣(今江西省赣州市)人。官司农录事,迁中书令,封越国公。工书画,嗜收藏。传世书迹有《灵飞经》《转轮五经》等。

[8] 二王:指东晋大书法家王羲之、王献之父子。王献之(344—386),字子敬。王羲之第七子。东晋书法家。官至中书令,人称"王大令"。工书,兼精诸体,尤以行草擅名。与其父王羲之齐名,并称"二王"。存世墨迹有行书《鸭头丸帖》,小楷刻本有《十三行》。

[9] 山谷:即黄庭坚(1045—1105),字鲁直,号山谷道人、涪翁,分宁(今江西省修水)人。北宋诗人、书法家。以校书郎为《神宗实录》检讨官,迁著作佐郎。开创了江西诗派。又能词,并兼擅行、草书。有《山谷集》。书迹有《华严疏》《松风阁诗》及草书《廉颇蔺相如列传》等。

[10] 李北海:即李邕(678—747),字泰和,扬州江都(今属江苏省)人。唐书法家。官至汲郡、北海太守,人称"李北海"。工文,善书,尤擅以行楷写碑。取法"二王",又有所创造。存世刻碑有《麓山寺碑》《云麾将军李思训碑》等。文集有明人所辑《李北海集》。

[11] 颜鲁公:即颜真卿(709—785),字清臣,京兆万年(今陕西省西安)人。唐大臣、书法家。历官至吏部尚书,太子太师,封鲁郡公,人称"颜鲁公"。书法自成一家,人称"颜体",与柳公权并称"颜柳"。碑刻有《多宝塔碑》《颜家庙碑》等;行书有《争坐位帖》;书迹有《自书告身》及《祭侄文稿》。后人辑有《颜鲁公文集》。 徐季海:即徐浩(703—782)。唐书法家。字季海,越州(治今浙江省绍兴)人。官至太子少师,封会稽郡公,人称"徐会稽"。工书。精于楷法,圆劲厚重,自成一家。存世墨迹有《朱巨川告身》;碑刻有《不空和尚碑》《大智禅师碑》等。

[12] 苏灵芝:唐书法家。武功(今属陕西省)人。官承奉郎、守经略军冑参军。行书有"二王"笔法,而成就顿放,亦善临仿。现存书迹有《梦真容敕》《田仁琬德政碑》等。

[13] 南派:指书法中的南派,我国书法史上最主要的两大流派之一。形成于南北朝时期。其风格婉丽清媚,俊拔飘逸。代表人物有钟繇、卫瓘、王羲之、王献之、智永、虞世南等。

[14] 欧、褚:指欧阳询、褚遂良。欧阳询(557—641),唐书法家。字信本,潭州临湘(今湖南省长沙)人。官至太子率更令、弘文馆学士,封渤海县男。工书法,自成面目,世称"欧体"。碑刻有正书《九成宫醴泉铭》《化度寺

碑》等;行书墨迹有《卜商》《梦奠》等帖。编有《艺文类聚》百卷。褚遂良(596—658或659),唐大臣、书法家。字登善,钱塘(今浙江省杭州市)人,一作阳翟(今河南省禹县)人。博涉文史,尤工书法。累官至中书令。公元649年受太宗遗诏辅政。高宗即位,封河南郡公,任尚书右仆射,世称"褚河南"。因反对高宗立武则天为后,屡被贬职而死。其书法别开生面,对后代书风影响很大。碑刻有《伊阙佛龛记》《孟法师碑》《房玄龄碑》《雁塔圣教序》等。

[15] 北派:我国书法史上最主要的两大流派之一。形成于南北朝时期。其风格雄奇古朴,刚健道劲。代表人物有钟繇、卫罐、索靖、崔悦、欧阳询、褚遂良等。

[16] 宋四家:宋代四位有风格的书法家,即苏轼、黄庭坚、米芾、蔡襄。

[17] 苏、黄:指苏轼、黄庭坚。

[18] 米、蔡:指米芾、蔡襄。米芾(1051—1107),北宋书画家。初名黻,字元章,号襄阳漫士、海岳外史等。世居太原(今属山西省),迁襄阳(今属湖北省),后定居润州(今江苏省镇江)。徽宗召为书画学博士,曾官礼部员外郎,人称"米南宫"。因举止"颠狂",人称"米颠"。能诗文,擅书画,精鉴别。行、草得力于王羲之,用笔俊迈,成为"宋四家"之一。画山水,突破了勾廓加皴的传统画技,开创独特风格。存世法书有《苕溪诗》《蜀素》《向太后挽词》等;著有《书史》《画史》《宝章待访录》及《山林集》,后人辑有《宝晋英光集》;其孙米宪还辑有《宝晋山林集拾遗》。蔡襄(1012—1067),北宋.书法家。字君谟,兴化仙游(今属福建省)人。官至端明殿

学士。工书,为"宋四家"之一。传世碑刻有《万安桥记》,书迹有《谢赐御书诗》和书札、诗稿等。后人辑有《蔡忠惠集》。

[19] 赵子昂:即赵孟頫,字子昂。

[20] 竹亭公:即曾国藩的父亲曾麟书,字竹亭,累封光禄大夫。

[21] 少学赵书:少年时代学习赵孟頫的书法技巧。

[22] 秀骨:不凡的气质。

[23] 制艺:八股文。

[24] 赵书:指赵孟頫书写的《楚国夫人碑》碑帖。

谕曾纪泽(1859)

字谕纪泽:

　　前次于诸叔父信中,复示尔所问各书帖之目。乡间苦于无书,然尔生今日,吾家之书,业已百倍于道光中年矣[1]。买书不可不多,而看书不可不知所择。以韩退之为千古大儒[2],而自述其所服膺之书不过数种[3],曰《易》,曰《书》,曰《诗》,曰《春秋左传》,曰《庄子》[4],曰《离骚》[5],曰《史记》,曰相如、子云[6]。柳子厚自述其所得[7],正者曰《易》,曰《书》,曰《诗》,曰《礼》[8],曰《春秋》[9];旁者曰《穀梁》,曰《孟》[10],曰《荀》[11],曰《庄》,曰《老》[12],曰《国语》[13],曰《离骚》,曰《史记》。二公所读之书,皆不甚多。

　　本朝善读古书者,余最好高邮王氏父子,曾为尔屡言之矣。今观怀祖先生《读书杂志》中所考订之书[14],曰《逸周书》,曰《战国策》,曰《史记》,曰《汉书》,曰《管子》,曰《晏子》,曰《墨子》,曰《荀子》,曰《淮南子》,曰《后汉书》,曰《老》《庄》,曰《吕氏春秋》,曰

《韩非子》，曰《扬子》，曰《楚辞》，曰《文选》[15]，凡十六种，又别著《广雅疏证》一种。伯申先生《经义述闻》中所考订之书[16]，曰《易》，曰《书》，曰《周官》，曰《仪礼》，曰《大戴礼》，曰《礼记》，曰《左传》，曰《国语》，曰《公羊》，曰《穀梁》，曰《尔雅》[17]，凡十二种。王氏父子之博，古今所罕，然亦不满三十种也。

余于《四书》《五经》之外[18]，最好《史记》《汉书》《庄子》《韩文》四种，好之十余年，惜不能熟读精考。又好《通鉴》《文选》及姚惜抱所选《古文辞类纂》、余所选《十八家诗钞》四种[19]，共不过十余种。早岁笃志为学，恒思将此十余书贯串精通，略作札记，仿顾亭林、王怀祖之法。今年齿衰老[20]，时事日艰，所志不克成就，中夜思之，每用愧悔。泽儿若能成吾之志，将《四书》《五经》及余所好之八种一一熟读而深思之，略作札记，以志所得，以著所疑，则余欢欣快慰，夜得安寝，此外别无所求矣。至王氏父子所考订之书二十八种，凡家中所无者，尔可开一单来，余当一一购得寄回。

学问之途，自汉至唐，风气略同；自宋至明，风气略同。国朝又自成一种风气，其尤著者，不过顾、阎（百诗）、戴（东江）、江（慎修）、钱（辛楣）、秦（味经）、段（茂堂）、王（怀祖）数人[21]，而风会所扇[22]，群彦云兴[23]。尔有志读书，不必别标汉学之名目，而不可不一窥数君子之门经。凡有所见所闻，随时禀知，余随时谕答，较之当面问答，更易长进也。

咸丰九年四月二十一日

注释

[1] 道光：清宣宗年号。公元1821—1850年。

[2] 韩退之：即韩愈。

[3] 服膺(yīng)：铭记在心，衷心信奉。

[4] 《庄子》：亦称《南华经》。道家经典之一。为庄子及其

后学所著。

[5] 《离骚》:《楚辞》篇名。战国楚人屈原作。作品倾叙了作者对楚国命运的关怀,反映了作者热爱楚国的思想感情。作品所表现的积极浪漫主义精神,对后世文学影响深远。

[6] 相如:即司马相如(前179—前117),字长卿,蜀郡成都人。西汉辞赋家。官武骑常侍。工辞赋,所作《子虚赋》为汉武帝所赏识,因得召见,又作《上林赋》,武帝用为郎。曾奉使西南,后为孝文园令。明人辑有《司马文园集》。 子云:即扬雄。

[7] 柳子厚:即柳宗元。

[8] 《礼》:即《礼记》,亦称《小戴记》或《小戴礼记》。儒家经典之一,秦、汉以前各种礼仪论著选集,相传为西汉戴圣编纂。孔子弟子及其再传、三传弟子等人所记,共四十九篇,为研究中国古代社会情况、儒家学说和文物制度的参考书。

[9] 《春秋》:即编年体《春秋》史。儒家经典之一。相传由孔子依据鲁国史官所编《春秋》加以整理修订而成。

[10] 《孟》:即《孟子》。儒家经典之一。战国时孟轲及其弟子万章等人所著。现存七篇。书中记载了孟子的政治活动、政治学说以及唯心主义的哲学伦理教育思想。

[11] 《荀》:即《荀子》。战国时荀况著,共三十二篇。内容总结和发展了先秦哲学思想。书中还有五篇短赋,系散文赋体,在文学史上有一定地位。

[12] 《老》:即《老子》。亦称《道德经》《老子五千文》,是道家的主要经典。相传为春秋末老聃所著。

[13] 《国语》:书名。相传为春秋时左丘明所著。二十一卷。

以记述西周末年和春秋时期周、鲁等国贵族的言论为主。可与《左传》相参证,故有《春秋外传》之称。

[14] 怀祖:即王念孙。

[15] 《逸周书》……《文选》:均为清人王念孙在《读书杂志》中所考订的古籍书目。

[16] 伯申:即王引之。

[17] 《易》……《尔雅》:均为清人王引之在《经义述闻》中所考订的古籍书目。

[18] 《五经》:五部儒家经典。始称于汉武帝时,即《诗》《书》《礼》《易》《春秋》。

[19] 《通鉴》:即《资治通鉴》。北宋司马光撰。全书上起周威烈王二十三年(前403年),下迄后周世宗显德六年(959年)。内容以政治、军事为主,略于经济、文化。书名"资治",目的在于供封建统治者从历代治乱兴亡中取得鉴戒。 姚惜抱:即姚鼐(1732—1815),字姬传、梦毂,室名惜抱轩,旧时或称"惜抱先生",安徽桐城人。官刑部郎中、记名御史等。治学以经为主,兼及子史、诗文。为"桐城派"主要作家。有《惜抱轩全集》。另选有《古文辞类纂》等。 《古文辞类纂》:总集名。清姚鼐编,七十五卷。选录战国至清代的古文辞赋,依文体分为十三类,并加解说和评点。 《十八家诗抄》:清人曾国藩辑,二十八卷。清代同治甲戌传忠书局刊印。

[20] 年齿:年龄。

[21] 顾:指顾炎武。 钱辛楣:即钱大昕(1728—1804),字晓徵、辛楣,号竹汀,江苏嘉定(今属上海市)人。清学者。乾隆进士,官至少詹事。治学范围颇广。于音韵训诂尤多创见。在史学上,长于校勘考订。著有《廿二史考

异》《氏族表》《潜揅堂金石文跋尾》《恒言录》等。

[22] 风会:风气,时尚。

[23] 群彦:众英才。

谕曾纪泽(1859)

字谕纪泽:

尔作时文,宜先讲词藻,欲求词藻富丽,不可不分类钞撮体面话头[1]。近世文人,如袁简斋、赵瓯北、吴榖人[2],皆有手钞词藻小本,此众人所共知者。阮文达公为学政时[3],搜出生童夹带,必自加细阅。如系亲手所钞,略有条理者,即予进学;如系请人所抄,概录陈文者,照例罪斥。阮公一代闳儒[4],则知文人不可无手钞夹带小本矣。昌黎之记事提要[5],纂言钩玄[6],亦系分类手钞小册也。尔去年乡试之文,太无词藻,几不能敷衍成篇,此时下手工夫,以分类手钞词藻为第一义。

尔此次复信,即将所分之类开列目录,附禀寄来。分大纲子目,如伦纪类为大纲[7],则君臣、父子、兄弟为子目;王道类为大纲[8],则井田、学校为子目。此外各门,可以类推。尔曾看过《说文》《经义述闻》[9],二书中可钞者多。此外如江慎修之《类腋》及《子史精华》《渊鉴类函》[10],则可钞者尤多矣。尔试为之,此科名之要道[11],亦即学问之捷径也。此谕。

咸丰九年五月初四日

注释

[1] 钞撮:抄摘。

[2] 袁简斋:即袁枚(1716—1798),字子才,号简斋、随园老

人,浙江钱塘(今杭州市)人。清诗人。曾任江宁等地知县。辞官后侨居江宁,自号随园老人。其诗多抒发闲情逸致;又能文,所作书信颇具特色。有《小仓山房集》《随园诗话》和笔记小说《子不语》等。 赵瓯北:即赵翼(1727—1814),字支崧、耘松,号瓯北,江苏阳湖(今江苏省武进县)人。清史学家、文学家。官至贵西兵备道。旋辞官家居,主讲安定书院,专心著述。长于史学,考据精赅。著有《廿二史札记》《陔余丛考》《瓯北诗钞》《瓯北诗话》等。

[3] 阮文达:即阮元,字伯元、芸台,谥"文达"。 学政:学官名。"提督学政"的简称,亦称"督学使者"。清中叶以后,派往各省,按期至所属各府、厅考试童生及生员;均由侍郎、京堂、翰林、科道及部属等官由进士出身者简派,三年一任。不问本人官阶大小,在任学政期间,与督抚平行。

[4] 阮公:指阮元。

[5] 昌黎:指韩愈。

[6] 纂言:编纂著述。 钩玄:探索精微。

[7] 伦纪:伦常纲纪。

[8] 王道:儒家提出的一种以仁义治天下的政治主张。与霸道相对。

[9] 《说文》:即《说文解字》。东汉许慎著。为我国第一部系统分析字形和考究字源的书籍。

[10] 《类腋》:清江苏华亭姚培谦集。内容分天、地、人、物四部。天部八卷,地部十六卷,人部十四卷,物部十六卷。

《子史精华》:清康熙时纂辑。一百六十卷,分三十类,二百八十子目。摘录子史中的名言名句,分类排比而成。为探掇辞章使用的工具书。《渊鉴类函》:清圣祖命张英等辑。四百五十卷,总目四卷。为供当时作文采摭词藻、典故之用的类书。

[11] 科名:科举功名。

谕曾纪泽(1859)

字谕纪泽:

接二十九、三十日两禀,得悉《书经注疏》看《商书》已毕[1]。《书经注疏》颇庸陋,不如《诗经》之该博[2]。我朝儒者,如阎百诗、姚姬传诸公[3],皆辨别《古文尚书》之伪[4],孔安国之传[5],亦伪作也。盖秦燔书后[6],汉代伏生所传[7],欧阳及大小夏侯所习[8],皆仅二十八篇,所谓《今文尚书》者也[9]。厥后孔安国家有《古文尚书》[10],多十余篇,遭巫蛊之事[11],未得立于学官,不传于世。厥后张霸有《尚书》百两篇口[12],亦不传于世。后汉贾逵、马、郑作《古文尚书》注解[13],亦不传于世。至东晋梅赜始献《古文尚书》并孔安国传[14],自六朝唐宋以来承之,即今通行之本也。自吴才老及朱子、梅鼎祚、归震川[15],皆疑其为伪。至阎百诗遂专著一书以痛辨之,名曰《疏证》[16]。自是辨之者数十家,人人皆称伪古文、伪孔氏也,《日知录》中略著其原委[17],王西庄、孙渊如、江良庭三家皆详言之(《皇清经解》中皆有,江书不足观)[18]。此亦《六经》中一大案[19],不可不知也。

尔读书记性平常,此不足虑。所虑者第一怕无恒,第二怕随笔点过一遍,并未看得明白,此却是大病。若实看明白了,久之必得些滋味,寸心若有怡悦之境[20],则自略记得矣。尔不必求记,却宜求个明白。

邓先生讲书,仍请讲《周易析中》。余圈过之《通鉴》,暂不必讲,恐污坏耳[21]。尔每日起得早否?并问。此谕。

咸丰九年六月十四日

注释

[1] 《书经注疏》:这里泛指注释《尚书》的书。

《商书》:《尚书》中的一部分。相传是记载商代史事之书。

[2] 该博:渊博。

[3] 姚姬传:即姚鼐。

[4] 《古文尚书》:儒家经典《尚书》的一种。亦称《逸书》。据说是汉武帝时从孔子住宅的壁中发现,较《今文尚书》多十六篇,因用秦、汉以前的"古文"书写,故名。

[5] 孔安国:西汉经学家。孔子后裔。相传他曾得孔子旧宅壁中所藏古文《尚书》,开创"古文尚书"学派。汉武帝时以治《尚书》得五经博士,官至谏大夫、临淮太守。

传:此指孔安国所撰《尚书孔氏传》,即伪《孔安国尚书传》。系解释《尚书》之书,共十三卷。实为后人伪造。

[6] 秦燔(fán)书:燔,焚烧。秦焚书,指公元前213年,秦始皇为了镇压儒生诽谤朝政、以古非今,采纳宰相李斯的建议,下令除秦国史书、医药、种树的书外,将民间所藏诗、书和诸子百家书等,一律焚毁,史称"秦焚书"。

[7] 伏生:亦称伏胜。西汉今文《尚书》的最早传授者。济南(郡治今山东省章丘南)人。曾任秦博士。西汉的《尚书》学者,都出自他的门下。今本今文《尚书》二十八篇,即由他传授而存留于世。 传:此指西汉伏生所

撰《尚书大传》。后人疑是伏生的弟子张生、欧阳生或后来的博士们杂录所闻而成。

[8] 欧阳:指欧阳生,即欧阳和伯。千乘(郡治今山东省高青东)人。伏生弟子。西汉今文尚书学"欧阳学"的开创者。 大小夏侯:指夏侯胜、夏侯建。夏侯胜,西汉今文尚书学"大夏侯学"的开创者,称"大夏侯"。字长公,东平(今属山东省)人。官长信少府、太子太傅。宣帝时,立为博士。著作已佚。清人辑有《尚书欧阳夏侯遗说考》。夏侯建,西汉今文尚书学"小夏侯学"的开创者,称"小夏侯"。字长卿,东平(今属山东省)人。宣帝时,立为博士。官至太子太傅。著作已佚。清人辑有《尚书欧阳夏侯遗说考》。 习:学习。

[9] 《今文尚书》:儒家经典《尚书》的一种。中国上古历史文件和部分追述古代事迹著作的汇编。相传经由孔子编选。西汉初有二十八篇,由伏生传授,用汉时通行文字隶书抄写,故名。

[10] 厥(jué)后:之后。

[11] 巫蛊(gǔ):古代称巫师使用邪术嫁祸于人为巫蛊。

[12] 张霸:汉代东莱人。世间曾流传一百零二篇的《古文尚书》,出于张霸,分析合二十九篇。

[13] 贾逵(30—101):字景伯,后汉扶风平陵人。东汉经学家、天文学家。官侍中及左中朗。撰有《春秋左氏传解诂》《国语解诂》《经传义诂》等。 马:指马融(79—166)。东汉经学家、文学家。字季长,扶风茂陵人。曾任校书郎等职。遍注群经;另著赋、颂、碑、谏等多篇。 郑:指郑玄(127—200)。东汉经学家。字康成,北海高密(今属山东省)人。曾聚徒讲学,弟子众至数百千

人。因党锢事被禁,潜心著述,遍注群经,成为汉代经学集大成者,称"郑学"。在整理古代历史文献方面颇有贡献。

[14] 梅赜(zé):一作梅颐或枚赜、枚颐。字仲真,东晋汝南(今湖北省武昌)人。曾任豫章内史。献伪《古文尚书》及伪《尚书孔氏传》,东晋君臣信以为真,立于学官。宋代吴棫、朱熹,元代赵孟頫、吴澄,明代梅鷟,均持怀疑态度或予以批驳;直到清代阎若璩作《古文尚书疏证》、惠栋作《古文尚书考》,方才完全证明他所献的是伪书。孔安国传:即孔安国所撰《尚书孔氏传》。

[15] 吴才老:即吴棫(约1100—1154)。宋音韵训诂学家。字才老,建安(今福建省建瓯)人。宣和进士,官泉州通判。撰《韵补》《诗补音》《字学补韵》《楚辞释音》等。

　　朱子:指朱熹。　梅鼎祚(1549—1615):明戏曲作家。字禹金,号胜乐道人,宣城(今属安徽省)人。万历时曾荐官不就。著有诗文集《鹿裘石室集》;戏曲作品现存传奇《玉合记》《长命缕》和杂剧《昆仑奴》。　归震川:即归有光(1507—1571),字熙甫,昆山(今属江苏省)人。明代散文家,人称"震川"先生。嘉靖进士,官南京太仆寺丞。所作散文,朴素简洁,善于叙事,颇受时人推重,然内容多宣扬封建伦理道德,间亦对当时政治的腐朽有所暴露。有《震川先生集》。

[16] 《疏证》:指《尚书古文疏证》,清阎若璩撰。共八卷。用考证方法证明东晋梅赜所献《古文尚书》和《尚书孔氏传》出于伪作,并渐成定论。

[17] 《日知录》:明清之际顾炎武著。共三十二卷。系读书札记,按经义、吏治、财赋、史地、兵事、艺文等分类

编入。

[18] 王西庄:即王鸣盛(1722—1797),字凤喈,一字礼堂,别号西庄,晚年号西沚,江苏嘉定(今属上海市)人。清史学家、经学家。官内阁学士兼礼部侍郎衔、光禄寺卿。以汉学的考证方法治史,撰《十七史商榷》《蛾术编》;以汉儒为宗,研治《尚书》,撰《尚书后案》;另有《耕养斋诗文集》《西沚居士集》。 孙渊如:即孙星衍(1753—1818),字渊如,江苏阳湖(今江苏省武进县)人。清经学家。官山东督粮道。所学较广,于经史、文字、音韵、诸子百家、金石碑版等均有涉及。工篆隶,精校勘,擅诗文,撰有《尚书古今文注疏》《周易集解》《寰宇访碑录》等书,刻有《平津馆丛书》《岱南阁丛书》。 江艮庭:即江声(1721—1799),字鳣涛,改字叔沄,号艮庭,江苏元和(今江苏省吴县)人。清经学家。惠栋弟子。宗汉儒经说,长于旁搜博引。好《说文解字》。撰有《尚书集注音疏》《六书说》《论语质》《恒星说》等。 江书:指江声所撰《尚书集注音疏》。

[19] 《六经》:六部儒家经典。即《五经》之外另加《乐经》。 一大案:指历史上吴棫等学者争论《古文尚书》真伪的事件。

[20] 寸心:指心。旧时认为心的大小在方寸之间,故名。 怡悦:亦作"怡说"。取悦,喜悦。

[21] 污坏:污染败坏。

谕曾纪泽(1859)

字谕纪泽:

二十一日得家书,知尔至长沙一次,何不寄安禀来营?

婚期改九月十六,余甚喜慰。余老境侵寻[1],颇思将儿女婚嫁早早料理。袁漱六亲家患喀血疾,昨专人走松江看视[2];若得复元,吾即思明春办大女儿嫁事。袁铁庵来我家时,尔禀问母亲,可以吾意商之。

京中书到时,有胡刻《通鉴》一部[3],留家中讲解,即将吾圈过一部寄来营可也。又汲古阁初印《五代史》一部[4],亦寄来。皮衣等件,速速寄来。吾买帖数十部,下次寄尔。此谕。

咸丰九年九月二十四日

注释

[1] 老境:老年时期。 侵寻:亦作"侵浔"。渐进,渐次发展。

[2] 松江:府名。元至元十五年(1278年)改华亭府置。治所在华亭(今上海市松江县),辖境相当今上海市吴淞江以南地区。1912年废。

[3] 胡刻《通鉴》:即清嘉庆二十一年(1816年)胡克家复刻元代胡三省注释本《资治通鉴》。

[4] 汲古阁:明末常熟毛晋藏书阁名。 《五代史》:书名。记载公元907—960年梁、唐、晋、汉、周五代史实。有新旧两部。《五代史》,原为宋薛居正等撰,一百五十卷。宋仁宗时,欧阳修重加修定,撰《五代史记》七十四卷。后为别于旧史又称《新五代史》。两史并行。

谕曾纪泽(1859)

字谕纪泽儿：

接尔十九、二十九日两禀，知喜事完毕，新妇能得尔母之欢，是即家庭之福。

我朝列圣相承[1]，总是寅正即起[2]，至今二百年不改。我家高曾祖考相传早起[3]，吾得见竟希公、星冈公皆未明即起[4]，冬寒起坐约一个时辰，始见天亮。吾父竹亭公亦甫黎明即起[5]，有事则不待黎明，每夜必起看一二次不等，此尔所及见者也。余近亦黎明即起，思有以绍先人之家风[6]。尔既冠授室[7]，当以早起为第一先务[8]，自力行之，亦率新妇力行之。

余生平坐无恒之弊[9]，万事无成，德无成，业无成，已可深耻矣。迨办理军事[10]，自矢靡他[11]，中间本志变化[12]，尤无恒之大者，用为内耻[13]。尔欲稍有成就，须从"有恒"二字下手。

余尝细观星冈公仪表绝人[14]，全在一"重"字。余行路容止亦颇重厚[15]，盖取法于星冈公。尔之容止甚轻，是一大弊病，以后宜时时留心，无论行坐，均须重厚。早起也，有恒也，重也[16]，三者皆尔最要之务。早起是先人之家法，无恒是吾身之大耻，不重是尔身之短处，故特谆谆戒之……

咸丰九年十月十四日

注释

[1] 我朝：此指清朝。 列圣：诸皇帝。

[2] 寅正(zhèng)：旧时计时，指凌晨四点。

[3] 高曾祖：指先祖。

[4] 竟希公：即曾国藩的曾祖父曾竟希。 星冈公：即曾国

藩的祖父曾玉屏,字星冈。

[5] 甫(fǔ):刚刚。

[6] 绍:继续,继承。

[7] 既冠:同"及冠"。指男子年满二十。古代男子二十岁行冠礼,故名。　授室:本谓把家事交给新妇。后以"授室"指娶妻。

[8] 先务:首要的事务。

[9] 生平:素来,有生以来。　坐:因为,由于。

[10] 逮(dài):及,到。

[11] 自矢:亦"自誓"。立志不移。

[12] 本志:原来的意愿或志向。

[13] 用:因而,因此。

[14] 绝人:过人。

[15] 容止:仪表和举止。即行为风貌。　重厚:厚道持重。

[16] 重:此指举止稳重。

谕曾纪泽(1860)

字谕纪泽儿:

　　二十日接二月二日来禀并祭文稿,文尚条畅,惟意义太少,叔祖之德全未称道,亦非体制[1],词藻亦太寒俭[2]。

　　尔现看《文选》,宜略钞典故藻汇,分类钞记,以为馈贫之粮。《文选》前数本系汉人之赋,极难领会;后半则易看矣。余所见友朋中,无能知汉赋之意味者。尔不能记忆,亦由于不知其意味;此刻不必求记,将来若能识得意味,自可渐记一二。余向来记性极坏,近老年反略好些,由于识得意味也。时文亦不必苦心孤诣去作[3],

但常常作文。心常用则活,不用则窒[4];常用则细,不用则粗。

余前允尔来营省觐,兹因陈作梅来吾乡看地[5],须尔在家中陪款[6]。恐作梅先生未到湘时[7],沅叔业已先出。尔须等候作梅先生,在家住二十余日,再送陈至省展谒贺岳母[8],小住即仍归去。闻儿妇或有梦熊之喜[9],尔于下半年再来营省觐可也。此嘱。

咸丰十年二月二十四日[10]

注释

[1]　体制:此指祭文的格调。

[2]　寒俭:形容诗文词汇贫乏。

[3]　苦心孤诣(yì):苦心钻研,达到了别人所达不到的程度。

[4]　窒(zhì):阻塞不通。此指思维不灵敏。

[5]　陈作梅:即陈鼐,字作梅,清代人。

[6]　陪款:陪,陪伴;款,殷勤招待。陪款,陪同并热情招待。

[7]　湘:湖南省简称。因湘江纵贯省境而得名。

[8]　省:指湖南省会长沙。　展谒:敬词。即拜见,拜谒。

[9]　梦熊:古人以梦见熊罴为生男孩的征兆。后以"梦熊"为生男孩的颂语。

[10]　咸丰十年:即公元1860年。

谕曾纪泽(1860)

字谕纪泽:

初一日接尔十六日禀,澄叔已移寓新居,则黄金堂老宅,尔为一家之主矣。昔吾祖星冈公最讲求治家之法:第一要起早;第二要打扫洁净;第三诚修祭祀;第四善待亲族邻里。凡亲族邻里来家,无不恭敬款接[1],有急必周济之,有讼必排解之,有喜必庆贺之,有疾必问,有丧必吊[2]。此四事之外,于读书、种菜等事尤为刻刻留心[3]。故余写家信,常常提及书、蔬、鱼、猪四端者,盖祖父相传之家法也。尔现读书无暇,此八事纵不能一一亲自经理,而不可不识得此意,请朱运四先生细心经理[4],八者缺一不可。其诚修祭祀一端,则必须尔母随时留心,凡器皿第一等好者留作祭祀之用,饮食第一等好者亦备祭祀之需。凡人家不讲究祭祀,纵然兴旺,亦不久长,至要至要!

尔所论看《文选》之法,不为无见。吾观汉魏文人[5],有二端最不可及:一曰训诂精确;二曰声调铿锵。《说文》训诂之学,自中唐以后人多不讲,宋以后说经尤不明故训。及至我朝巨儒,始通小学,段茂堂、王怀祖两家,遂精研乎古人文字声音之本,乃知《文选》中古赋所用之字,无不典雅精当。尔若能熟读段、王两家之书[6],则知眼前常见之字,凡唐宋文人误用者,惟《六经》不误,《文选》中汉赋亦不误也。即以尔禀中所论《三都赋》言之[7],如"蔚若相如,皭若君平"[8],以一"蔚"字该括相如之文章[9],以一"皭"字概括群平之道德,此虽不尽关乎训诂,亦足见其下字之不苟矣[10]。至声调之铿锵,如"开高轩以临山,列绮窗而瞰江"[11],"碧出苌弘之血,鸟生杜宇之魄"[12],"洗兵海岛,刷马江洲"[13],"数军实乎桂林之苑,飨戎旅乎落星之楼"等句[14],音响节奏,皆后世所不能及。尔看《文选》,能从此二者用心,则渐有入理处矣。

作梅先生想已到家,尔宜恭敬款接。沅叔既已来营,则无人陪往益阳[15]。闻胡宅专人至吾乡迎接,即请作梅独去可也。尔舅父牧云先生,身体不堪耐劳[16],即请其无庸来营[17]。吾此次无信,尔先致吾意,下次再行寄信。此嘱。

咸丰十年闰三月初四日

注释

[1] 款接:款待。

[2] 吊:祭奠死者或对遭丧事及不幸者给予慰问。

[3] 刻刻:每时每刻。

[4] 朱运四:曾国藩的管家。

[5] 汉:指汉朝。 魏:此指三国时期。

[6] 段、王:指段玉裁、王念孙。

[7] 《三都赋》:赋篇名。西晋左思著。分《蜀都赋》《吴都赋》《魏都赋》三篇。相传左思构思十年而写成。

[8] 蔚若相如,皭若君平:这是左思《三都赋·蜀都赋》中的句子。蔚,指文采华美;相如,即司马相如;皭(jiào),洁白,干净,此指清高;君平,指西汉隐士严遵,字君平。成帝时,严遵曾卖卜于成都,日得百钱,足以自养,即闭门读《老子》,著书十余万言,一生不愿做官。著有《道德真经指归》十三卷。

[9] 该括:包罗,概括。

[10] 苟:随便,马虎。

[11] 开高轩以临山,列绮窗而瞰江:这是左思《三都赋·蜀都赋》中的句子。轩,堂前的长廊;临山,面对着山;绮窗,雕刻花纹的窗;瞰,俯视。

[12] 碧出苌弘之血,鸟生杜宇之魄:这是左思《三都赋·蜀都赋》中的句子。苌弘,春秋时周敬王大夫,被周人杀死,传说其血三年化为碧玉;杜宇,传说中的古代蜀国国王,其魂化为子规(即杜鹃),后因称杜鹃鸟为"杜宇"

[13] 洗兵海岛,刷马江洲:这是左思《三都赋·魏都赋》中的句子。洗兵,传说周武王出师遇雨,认为是老天洗刷兵器,后擒纣灭商,战争停息。后遂以"洗兵"表示胜利结

束战争;刷马,饮马。

[14] 数军实乎桂林之苑,飨戎旅乎落星之楼:这是左思《三都赋·吴都赋》中的句子。数,历数;军实,军用器械和粮饷,这里指缴获物;桂林苑、落星楼,三国时吴地有桂林苑、落星楼,楼在建邺(今南京市)东北十里;飨(xiǎng),以酒食犒劳、招待;戎(róng)旅,军旅。

[15] 益阳:秦置县。在湖南省北部、资水下游,滨邻洞庭湖。

[16] 不堪:不能忍受。

[17] 无庸:无须,不必。

谕曾纪泽(1860)

字谕纪泽:

二十七日刘得四到,接尔禀,所议论《文选》俱有所得,问小学亦有条理,甚以为慰。沅叔于二十七到宿松[1],初三日由宿至集贤关[2],将尔禀带去矣,余不能悉记.但记得问"穜种"二字[3]。此字段茂堂辨论甚晰,"穜"为艺也(犹吾乡言栽也、点也、插也),"种"为后熟之禾。《诗》之"黍稷重穋"[4],《说文》作"種稺[5]"。種,正字也;重,假借字也[6];穋与稺,异同字也。隶书以"穜種"二字互易,今人于耕种,概用種字也。

吾于训诂、词章二端,颇尝尽心。尔看书若能通训诂,则于古人之故训大义、引申假借渐渐开悟,而后人承讹袭误之习可改;若能通词章,则于古人之文格文气、开合转折渐渐开悟[7],而后人硬腔滑调之习可改:是余之所厚望也。嗣后尔每月作三课,一赋、一古文、一时文,皆交长夫带至营中,每月恰有三次长夫接家信也。

吾于尔有不放心者二事:一则举止不甚重厚,二则文气不甚圆适。以后举止留心一"重"字,行文留心一"圆"字[8]。至嘱。

咸丰十年四月初四日

注释

[1] 宿松:县名。南朝梁置高塘郡,隋改高塘县,后改宿松县。在安徽省西南部、长江北岸,邻接湖北、江西两省。

[2] 宿:指宿松县。 集贤关:一作"脊现关"。在安徽省怀宁县北十八里的集贤岭上,地势险狭。

[3] 種(zhòng):"种"的本字。种植。

[4] 黍稷重穋(lù):出自《诗·豳风·七月》。重,指后熟;穋,同"稑",指先熟。这句泛指秋天成熟的谷类。

[5] 稑(lù):亦作"穋"。后种先熟的谷类。

[6] 假借:六书之一。据《说文·叙》载,"假借者,本无其字而依声托事。"是指语言中某些词有音无字,借用同音字来表示。

[7] 文格:文章的风格、格调。 文气:文风,文章的气势。 开合:指诗文结构的铺展、收合等变化。 转折:指文章或语意由一个方向转向另一个方向。

[8] 圆:此指文章气势婉转、圆适。

谕曾纪泽(1860)

字谕纪泽:

十六日接尔初二日禀并赋二篇,近日大有长进,慰甚。

无论古今何等文人,其下笔造句,总以珠圆玉润四字为主[1]。无论古今何等书家,其落笔结体,亦以珠圆玉润四字为主。故吾前示尔书,专以一"重"字救尔之短,一"圆"字望尔之成也。世人论文家之语圆而藻丽者[2],莫如徐(陵)、庾(信)[3],而不知江(淹)、鲍(照)则更圆,进之沈(约)、任(昉)则亦圆[4],进之潘(岳)、陆(机)则亦圆[5],又进而溯之东汉之班(固)、张(衡)、崔(骃)、蔡(邕)则亦圆[6],又进而溯之西汉之贾(谊)、晁(错)、匡(衡)、刘(向)则亦圆[7]。至于马迁、相如、子云三人[8],可谓力趋险奥[9],不求圆适矣;而细读之,则亦未始不圆。至于昌黎[10],其志意直欲陵驾子长、卿、云三人[11],戛戛独造[12],力避圆熟矣;而久读之,实无一字不圆、无一句不圆。尔于古人之文,若能从江、鲍、徐、庾四人之圆步步上溯[13],直窥卿、云、马、韩四人之圆[14],则无不可读之古文矣,即无不可通之经史矣,尔其勉之。余于古人之文,用功甚深,惜未能一一达之腕下,每欿然不怡耳[15]。

江浙贼势大乱,江西不久亦当震动,两湖亦难安枕。余寸心坦坦荡荡,毫无疑怖,尔禀告尔母,尽可放心。人谁不死,只求临终心无愧悔耳。家中暂不必添起杂屋,总以安静不动为妙。

咸丰十年四月月二十四日

注释

[1] 珠圆玉润:形容文词圆熟流畅。

[2] 语圆藻丽:文句圆熟、词藻华丽。

[3] 徐陵(507—583):南朝陈文学家。字孝穆,东海郯(今山东省郯城)人。梁时官东官学士,陈时历任尚书左仆射、丹阳尹、中书监。其诗歌和骈文轻靡绮艳。是当时宫体诗重要作者之一,与庾信齐名,世称"徐庾"。编有《玉台新咏》。后人辑有《徐孝穆集》。 庾信(513—581):北朝北周文学家。字子山,南阳新野(今属河南省)人。官至骠骑大将军、开府仪同三司,也称"庾开

府"。善诗赋、骈文,与徐陵齐名,为宫廷文学代表,时称"徐庾体"。晚年文风有变化,转为萧瑟苍凉。后人辑有《庾子山集》。

[4] 沈约(441—513):南朝梁文学家。字休文,吴兴武康人。官至尚书令。卒谥"隐"。其诗注重声律,时号"永明体"。明人辑有《沈隐侯集》。 任昉(460—508):南朝梁文学家。字彦昇,乐安博昌(今山东省寿光)人。仕宋、齐、梁三代,官至太守。当时以表、奏、书、启诸体散文擅名,而沈约以诗著称,时人号曰"任笔沈诗"。明人辑有《任彦昇集》。旧时认为《文章缘起》及《述异记》二书为任昉所作。

[5] 潘岳(247—300):西晋文学家。字安仁,荥阳中牟(今属河南省)人。曾任给事黄门侍郎等职。长于诗赋,与陆机齐名,文辞华靡。《悼亡诗》较有名。明人辑有《潘黄门集》。 陆机(261—303):西晋文学家。字士衡,吴郡吴县华亭(今上海市松江)人。曾官平原内使,世称"陆平原"。与弟陆云文才倾动一时,时称"二陆"。诗重藻绘排偶,且多拟古之作。又善骈文。所作《文赋》为我国古代重要的文学论文。后人辑有《陆士衡集》。

[6] 张衡(78—139):东汉天文学家、文学家。字平子,河南南阳西鄂(今河南省南召)人。曾两度任掌管天文的太史令。创浑天仪、地动仪。文学作品有《二京赋》《四愁诗》等。明人辑有《张河间集》。 崔骃(?—92):东汉文学家。字亭伯,涿郡安平(今属河北省)人。少与班固、傅毅齐名。博学善文,著诗、赋、铭、颂二十一篇。明人辑有《崔亭伯集》。 蔡邕(132—192):东汉文学

家、书法家。字伯喈,陈留圉(今河南省杞县南)人。官左中郎将。通经史、音律、天文。散文长于碑记。又善辞赋。有《蔡中郎集》。

[7] 贾谊(前200—前168):西汉政论家、文学家。洛阳(今河南省洛阳东)人。时称贾生。文帝初召为博士,后谪为长沙王太傅,世人亦称"贾博士""贾长沙"。有赋七篇,今存者以《吊屈原文》《鵩鸟赋》较有名。明人辑有《贾长沙集》。　晁错(前200—前154):西汉政论家。颖川(治今河南省禹县)人。汉景帝时任御史大夫,坚持"重本抑末"等政策,建议景帝削夺诸侯王国的封地,以巩固中央集权制度。后吴楚等七国以诛晁错为名,发动叛乱,晁错被谮而死。著有《论贵粟疏》等政论文章。　匡衡:西汉经学家。字稚圭,东海承(今山东省苍山县兰陵镇)人。能文学,善说《诗》,时引经义议论政治得失。元帝时,任丞相,封乐安侯。成帝时,被司隶校尉王尊弹劾,后免官。　刘向(约前77—前6):西汉经学家、目录学家、文学家。本名更生,字子政,沛(今江苏省沛县)人。曾任谏大夫、宗正等,终中垒校尉。曾校阅群书,撰成《别录》。有辞赋三十三篇。另有《新序》《说苑》等。著述甚多。

[8] 相如:即司马相如。　子云:即扬雄。

[9] 险奥:奇特深奥。

[10] 昌黎:即韩愈。

[11] 志意:意愿。　子长:即司马迁。　卿:指司马相如。云:指扬雄。

[12] 戛(jiá)戛独造:亦作"戞戞独造"。形容文章别出心裁,富有独创性。

[13] 江、鲍、徐、庾:指江淹、鲍照、徐陵、庾信。
[14] 卿、云、马、韩:指司马相如、扬雄、司马迁、韩愈。
[15] 歉然:惭愧的样子。　不怡:不乐。

谕曾纪泽、曾纪鸿(1860)

字谕纪泽、纪鸿儿:

泽儿在安庆所发各信及在黄石矶湖口之信[1],均已接到。鸿儿所呈拟连珠体寿文[2],初七日收到。

泽儿看书天分高,而文笔不甚劲挺,又说话太易,举止太轻[3],此次在祁门为日过浅[4],未将一"轻"字之弊除尽,以后须于说话走路时刻刻留心。鸿儿文笔劲健,可慰可喜。此次连珠文,先生改者若干字?拟体系何人主意?再行详禀告我。

银钱田产最易长骄气逸气[5],我家中断不可积钱,断不可买田。尔兄弟努力读书,决不怕没饭吃。至嘱。

咸丰十年十月十六日

注释

[1] 安庆:南宋庆元元年(1195年)升舒州为安庆府。元改为路。明初改宁江府,后改安庆府。清为安徽省治所。1912年废。　黄石矶:①一名西塞山。在今湖北省黄石市东长江中。②在今安徽省东至县东流镇东北。

[2] 拟连珠体:文体名。连珠文的一种。连珠文,起于汉代,班固、贾逵皆有作。其体不指说事情,借譬喻委婉表达其意,文辞华丽,历历如连珠,故名。后人加以扩充,有演连珠、拟连珠、畅连珠、广连珠等。　寿文:祝

寿的文章。

［3］ 轻：轻佻。此指行动不沉稳。

［4］ 祁门：唐置县。在安徽省南部山区、昌江上游，邻接江西省。

［5］ 逸气：贪图安闲而不思劳作。

谕曾纪泽、曾纪鸿（1860）

字谕纪泽、纪鸿儿：

十月二十九日接尔母及澄叔信，又棉鞋、瓜子二包，得知家中各宅平安。

泽儿在汉口阻风六日[1]，此时当已抵家。"举止要重，发言要讱[2]"，尔终身要牢记此二语，无一刻可忽也[3]。……泽儿字，天分甚高，但少刚劲之气，须用一番苦功夫，切莫把天分自弃了。家中大小[4]，总以起早为第一义。澄叔处此次未写信，尔等禀之[5]。

咸丰十年十一月初四月

注释

［1］ 汉口：地名。在湖北省武汉市区长江与汉口交汇处之北、京广铁路线上。古名汉皋，一称夏口，明清时与佛山镇、朱仙镇、景德镇合称我国"四大镇"。 阻风：被风所阻。

［2］ 讱(rèn)：语言迟缓，难出口。此处针对曾国藩批评曾纪泽"说话太易"而言，实际上要求曾纪泽说话要迟缓、沉稳。

［3］ 忽：忽略，不重视。

［4］ 大小：指尊卑或长幼。

[5] 　尔等:你们。

谕曾纪泽(1860)

字谕纪泽:

曾名琮来,接尔十一月二十五日禀,知十五、十七尚有两禀未到。尔体甚弱,咳吐成痰,吾尤以为虑,然总不宜服药。药能活人,亦能害人。良医则活人者十之七,害人者十之三;庸医则害人者十之七,活人者十之三。余在乡在外,凡目所见者,皆庸医也。余深恐其害人,故近三年来决计不服医生所开之方药[1],亦不令尔服乡医所开之方药。见理极明[2],故言之极切,尔其敬听而遵行之。

每日饭后走数千步,是养生家第一秘诀。尔每餐食毕,可至唐家铺一行,或至澄叔家一行,归来大约可三千余步。三个月后,必有大效矣。

尔看完《后汉书》[3],须将《通鉴》看一遍,即将京中带回之《通鉴》,仿照余法,用笔点过可也。尔走路近略重否[4]?说话略钝否[5]?千万留心。此谕。

咸丰十年十二月二十四日

注释

[1] 　方药:此指医方和药物。亦借指医道、医术。

[2] 　见(xiàn):显现,显露。

[3] 　《后汉书》:南朝宋范晔撰。今本一百二十篇,分一百三十卷。纪传体东汉史。原书只有纪传,北宋时把西晋司马彪《续汉书》八志,与之相配,成为今书。该书汇集一代史事,是研究东汉历史的重要资料。

[4] 　重:此指走路脚步稳重、有力。

[5]　钝：此指说话迟缓、沉稳。

谕曾纪泽(1861)

字谕纪泽：

　　腊月二十九日接尔一禀，系十一月十四日送家信之人带回，又沅叔处送到尔初归时二信……

　　尔问文中雄奇之道[1]。雄奇以行气为上，造句次之，选字又次之。然未有字不古雅而句能古雅[2]，句不古雅而气能古雅者；亦未有字不雄奇而句能雄奇，句不雄奇而气能雄奇者。是文章之雄奇[3]，其精处在行气[4]，其粗处全在造句选字也。余好古人雄奇之文，以昌黎为第一，扬子云次之。二公之行气，本之天授[5]。至于人事之精能[6]，昌黎则造句之工夫居多，子云则选字之工夫居多。

　　尔问叙事志传之文难于行气，殊不然[7]。如昌黎《曹成王碑》《韩许公碑》[8]，固属千奇万变，不可方物[9]，即《卢夫人之铭》《女挐之志》[10]，寥寥短篇，亦复雄奇倔强[11]。尔试将此四篇熟看，则知二大二小，各极其妙矣。

　　尔所作《雪赋》，词意颇古雅，惟气势不畅，对仗不工。两汉不尚对仗，潘、陆则对矣[12]，江、鲍、庾、徐则工对矣[13]，尔宜从对仗上用工夫。此嘱。

　　　　　　　　　　　　　　咸丰十一年正月初四日[14]

注释

[1]　雄奇：雄伟奇特。此指文章的气势。

[2]　古雅：古朴雅致。

[3]　是：概括之词。凡是，任何。

[4] 行气:指行文气势。

[5] 天授:本指上天所授,引申为指与生俱有的秉赋。

[6] 人事:人之所为,人力所能及的事。 精能:精通熟练。

[7] 殊:犹,尚。

[8] 《曹成王碑》:这是韩愈为唐宗室李皋写的碑文。李皋,字子兰,嗣封曹成王。曾率军讨伐唐李希烈叛乱。官至江陵尹、荆南节度使。《韩许公碑》:即韩愈为韩弘写的碑文。韩弘,唐匡城人。因明经不中,学骑射。由大理评事累官宣武节度使。唐宪宗用兵淮西,韩弘拜为诸军行营都统使,因功加兼侍中,封许国公。后请入朝,拜司徒、中书令。卒谥"隐"。

[9] 方物:仿佛。这里指拘泥于成规。

[10] 《卢夫人之铭》:即《河南缑氏主薄唐充妻卢氏墓志铭》。这是韩愈为唐充妻卢氏写的墓志铭。唐充妻与韩愈妻为同胞姊妹。 "女挐(rú,又读ná)之志":即《女挐圹铭》。这是韩愈为其四女儿女挐写的墓铭。

[11] 倔强:强硬直傲。此指文章的气势。

[12] 潘、陆:指潘岳、陆机。

[13] 江、鲍、庚、徐:指江淹、鲍照、庚信、徐陵。

[14] 咸丰十一年:即公元1861年。

谕曾纪泽(1861)

字谕纪泽:

尔求钞古文目录,下次即行寄归。尔写字笔力太弱,以后即摹柳帖亦好[1]。家中有柳书《玄秘塔》《琅邪碑》《西平碑》各种[2],

尔可取《琅邪碑》日临百字、摹百字[3]。临以求其神气,摹以仿其间架。每次家信内,各附数纸送阅。

《左传注疏》阅毕,即阅看《通鉴》。将京中带回之《通鉴》,仿我手校本,将目录写于面上。其去秋在营带去之手校本,便中仍当寄送祁门,余常思翻阅也。

尔言鸿儿为邓师所赏,余甚欣慰。鸿儿现阅《通鉴》,尔亦可时时教之。尔看书天分甚高,作字天分甚高,作诗文天分略低,若在十五六岁时教导得法,亦当不止于此。今年已二十三岁,全靠尔自己扎挣发愤[4],父兄师长不能为力。作诗文是尔之所短,即宜从短处痛下工夫;看书写字尔之所长,即宜拓而充之。走路宜重,说话宜迟,常常记忆否?

余身体平安,告尔母放心。

咸丰十一年正月十四日

注释

[1] 柳帖:指柳公权书写的碑帖拓本。

[2] 《玄秘塔》:亦称《玄秘塔碑》,即《大达法师玄秘塔铭》。唐碑。正书。裴休撰文,柳公权书。武宗会昌元年(841年)立。书法遒劲有骨力,历来深受学书者推崇,为唐楷典型之一。碑石在陕西省西安市碑林。《琅邪碑》《西平碑》:均为唐代书法家柳公权书写的碑文。

[3] 临:对照书画范本摩习。 摹:将薄纸覆盖在书画原样上进行书写绘制。

[4] 扎挣:挣扎。

谕曾纪泽(1861)

字谕纪泽：

　　正月十四发第二号家信，谅已收到……余身体平安，惟齿痛时发。所选古文，已钞目录寄归。其中有未注明名氏者[1]，尔可查出补注，大约不出《百三名家全集》及《文选》《古文辞类纂》三书之外[2]。

　　尔问《左传》解《诗》《书》《易》与今解不合——古人解经，有内传，有外传：内传者，本义也；外传者，旁推曲衍，以尽其余义也。孔子系《易》[3]，小象则本义为多[4]，大象则余义为多[5]。孟子说《诗》，亦本子贡之因贫富而悟切磋[6]，子夏之因素绚而悟礼后[7]，亦证余义处为多。《韩诗外传》[8]，尽余义也。《左传》说经，亦以余义立言者多……

咸丰十一年正月二十四日

注释

[1]　名氏：姓名。

[2]　《百三名家全集》：全称《汉魏六朝百三名家集》。明代江苏太仓人张溥(字天如)集合当地名士编录。收录汉魏六朝上至汉代贾谊、下迄隋代薛道衡共一百零三家的文集。每集前有"题辞"，分别对一百零三家其人其文，提出自己的看法；做到了家家有题辞，人人有论述，分之则为各作家论，合之则为文学简史，是一部很有价值的著作。

[3]　系《易》：意思是为《易》作《系辞》，以阐释《易》理。

[4]　小象：《易经》各卦附有《象传》，其中说明各爻的称

小象。

[5] 大象:《易》传之一。以卦象为根据解释卦辞,以别于说明各爻的小象。

[6] 子贡(前520—?):姓端木,名赐,字子贡,也作子赣,春秋卫人。孔子弟子。能言善辩,善经商,家累千金。尝任鲁、卫相。

[7] 子夏(前507—?):卜氏,名商,字子夏,春秋卫国人。孔子学生。为莒父宰。长于文学。相传曾讲学于西河。据说《诗》《春秋》等儒家经典是由他传授下来的。

[8] 《韩诗外传》:西汉韩婴撰。汉初传《诗》者有鲁、齐、韩、毛四家。据《汉书·艺文志》载,韩撰《内传》四卷、《外传》六卷。南宋后仅存《外传》。清赵怀玉辑《内传》佚文,附之书后。该书为研究西汉今文诗学的重要资料之一。

谕曾纪泽、曾纪鸿(1861)

字谕纪泽、纪鸿儿:

得正月二十四日信,知家中平安……

付回银八两,为我买好茶叶陆续寄来。

下手竹茂盛[1],屋后山内仍须栽竹,复吾父在日之旧观。余七年在家芟伐各竹[2],以倒厅不光明也[3];乃芟后而黑暗如故,至今悔之,故嘱尔重栽之。

"劳"字、"谦"字,常常记得否?

咸丰十一年二月十四日

注释

[1] 下手:亦作"下首"。习惯上称右边的位置为下手。此指屋门右边。

[2] 七年:指咸丰七年,即公元1857年。此间曾国藩曾离兵营回家养病。 芟(shān):斩杀,割除。

[3] 倒(dào):倒换。

谕曾纪泽、曾纪鸿(1861)

字谕纪泽、纪鸿儿:

接二月二十三日信,知家中五宅平安,甚慰甚慰。

……

余自从军以来,即怀见危授命之志[1]。丁、戊年在家抱病[2],常恐溘然殒下[3],渝我初志[4],失信于世。起复再出,意尤坚定,此次若遂不测[5],毫无牵恋。自念贫窭无知[6],官至一品[7],寿逾五十,薄有浮名[8],兼秉兵权,忝窃万分[9],夫复何憾!惟古文与诗,二者用力颇深,探索颇苦,而未能介然用之[10],独辟康庄。古文尤确有依据,若遽先朝露[11],则寸心所得,遂成"广陵之散"[12]。作字用功最浅,而近年亦略有入处。三者一无所成,不无耿耿[13]。

至行军本非余所长,兵贵奇而余太平,兵贵诈而余太直。岂能办此滔天之贼?即前此屡有克捷,已为侥幸,出于非望矣[14]。尔等长大之后,切不可涉历兵间,此事难于见功,易于造孽,尤易于贻万世口实[15]。余久处行间,日日如坐针毡,所差不负吾心,不负所学者,未曾须臾忘爱民之意耳。近来阅历愈多,深谙督师之苦[16]。尔曹惟当一意读书[17],不可从军,亦不必作官。

吾教子弟不离八本、三致祥[18]。八者曰:读古书以训诂为本,作诗文以声调为本,养亲以得欢心为本[19],养生以少恼怒为本,立身以不妄语为本[20],治家以不晏起为本[21],居官以不要钱为本,行军以不扰民为本。三者曰:孝致祥,勤致祥,恕致祥。吾父竹亭公之教人,则专重孝字。其少壮敬亲[22],暮年爱亲,出于至诚。故吾纂墓志,仅叙一事。吾祖星冈公之教人[23],则有八字、三不信:八者,曰考、宝、早、扫、书、蔬、鱼、猪[24];三者,曰僧巫,曰地仙[25],曰医药,皆不信也。处兹乱世[26],银钱愈少,则愈可免祸;用度愈省[27],则愈可养福。尔兄弟奉母[28],除"劳"字、"俭"字之外,别无安身之法。吾当军事极危[29],辄将此二字叮嘱一遍,此外亦别无遗训之语,尔可禀告诸叔及尔母无忘。

咸丰十一年三月十三日

注释

[1] 见危授命:在危难关头勇于献身。

[2] 丁、戊:指丁巳年、戊午年。即1857年、1858年。

[3] 溘(kè):忽然。 牖(yǒu)下:窗下。亦借指寿终正寝。

[4] 渝:变更,改变。

[5] 遂:前进,前往。

[6] 贫窭(jù)无知:谦称自己缺乏才识。

[7] 一品:封建社会中官品的最高一级。自三国魏以后,官分九品,最高者为一品。

[8] 薄:略微。 浮名:虚名。

[9] 忝(tiǎn)窃:谦言辱居其位或愧得其名。

[10] 介然:特异,特别。

[11] 遽先朝露:同"溘先朝露"。比喻生命比朝露消失得还快。这里指突然不幸去世。

[12] "广陵之散":即《广陵散》。古琴曲名。三国魏嵇康善弹此曲,秘不授人。后遭谗被害,临刑索琴弹之,曰:"《广陵散》于今绝矣!"后亦称事无后继、已成绝响者为"广陵散"。

[13] 耿耿:心事重重。

[14] 非望:非分的希望。

[15] 贻(yí):遗留。

[16] 谙(ān):熟悉,知道。

[17] 尔曹:汝辈,你们。

[18] 本:根本。 致祥:致,招致,带来;祥,吉祥。致祥,意指带来幸福和吉祥。

[19] 养亲:奉养父母。

[20] 妄语:谎言,虚妄不实的话

[21] 晏起:晚起,贪睡懒觉。

[22] 其:他。代指竹亭公。

[23] 祖:此指祖父。

[24] 考:祭祀祖先。 宝:指美德、善道。即修德。 早:即早起。 扫:指扫地,打扫庭院。 书:指读书。 蔬:指种菜。 鱼:指养鱼。 猪:指喂猪。

[25] 地仙:方士称住在人间的仙人。

[26] 兹:此,这。

[27] 用度:费用,开支。

[28] 克:教训。 奉:侍奉。

[29] 当:当值,处在。

谕曾纪泽(1861)

字谕纪泽:

　　三月三十日建德途次接澄侯弟在永丰所发一信[1],并尔将去省时在家所留之禀。尔到省后所留一禀,却于二十八日先到也。

　　……

　　乡间早起之家、蔬菜茂盛之家,类多兴旺[2]。晏起无蔬之家,类多衰弱。尔可于省城菜园中,用重价雇人至家种蔬,或二人亦可。其价若干,余由营中寄回。此嘱。

咸丰十一年四月初四日东流县[3]

注释

[1] 建德:宋咸淳元年(1265年)升严州置府。治所在建德。辖境相当今浙江省新安江、桐江流域。元改为路。1358年朱元璋改为建安府。　途次:半路上,旅途中的住宿处。　澄侯:即曾国潢,字澄侯。　永丰:宋改阳城县置永丰县。在江西省中部,赣江支流乌江流域。

[2] 类:皆,大抵。

[3] 东流县:旧县名。在安徽省南部。1959年与至德县合并为东至县。

谕曾纪泽(1861)

字谕纪泽:

　　六月二十日唐介科回营,接尔初三日禀并澄叔一函,具悉一切。

今年彗星出于北斗与紫微垣之间,渐渐南移,不数日而退出右辅与摇光之外,并未贯紫微垣,亦未犯天市也。占验之说,本不足信;即有不详,或亦不大为害。

省雇园丁来家,宜废四一二丘,用为菜园。吾现在营,课勇夫种菜[1],每块土约三丈长,五尺宽,窄者四尺余宽,务使芸草及摘蔬之时[2],人足行两边沟内,不践菜土之内。沟宽一尺六寸,足容便桶。大小横直,有沟有浍[3],下雨则水有所归,不使积潦伤菜[4]。四川菜园极大,沟浍终岁引水长流[5],颇得古人井田遗法[6]。吾乡一家园土有限,断无横沟,而直沟则不可少。吾乡老农虽不甚精,犹颇认真,老圃则全不讲究[7]。我家开此风气,将来蔬山旷土[8],尽可开垦,种百谷杂蔬之类。如种茶亦获利极大,吾乡无人试行,吾家若有山地,可试种之。

尔前问《说文》中逸字[9],今将贵州郑子尹所著二卷寄尔一阅[10]。渠所补一百六十五字[11],皆许书本有之字[12],而后脱失者也。其子知同又附考三百字[13],则许书本无之字,而他书引《说文》有之,知同辨为不当有者也。尔将郑氏父子书细阅一遍[14],则知叔重原有之字[15],被传写逸脱者实已不少。

纪渠佺近写篆字甚有笔力,可喜可慰,兹圈出付回。尔须教之认熟篆文,并解明偏旁本意。渠佺、湘佺要大字横匾,余即日当写就付归,寿佺亦当付一匾也。家中有李少温篆帖《三坟记》《栖先茔记》[16],亦可寻出,呈澄叔一阅。澄弟作篆字,间架太散,以无帖意故也。邓石如先生所写篆字《西铭》《弟子职》之类[17],永州杨太守新刻一套[18],尔可求郭意城姻叔拓一二分,俾家中写篆者有所摹仿[19]。家中有褚书《西安圣教》《同州圣教》[20],尔可寻出寄营,《王圣教》亦寄来一阅[21];如无裱者,则不必寄也。《汉魏六朝百三家集》,京中一分,江西一分,想俱在家,可寄一部来营。

余疮疾略好,而癣大作,手不停爬[22],幸饮食如常。安庆军事甚好,大约可克复矣。此次未写信与澄叔,尔将此呈阅,并问澄弟近好。

咸丰十一年六月二十四日

注释

[1] 课:征集。

[2] 芸草:芸,通"耘"。芸草,除草。

[3] 浍(kuài):田间排水道。

[4] 积潦(lào):亦作"积涝"。成灾的积水,洪涝。

[5] 沟浍:泛指田间水道。

[6] 井田:古代奴隶社会的一种土地制度。以方九百亩的地为一里,划为九区,其中为公田,八家均私田百亩,同养公田。因形如井字,故名。

[7] 老圃(pǔ):有经验的菜农。

[8] 旷土:荒芜的土地。

[9] 逸字:指脱字。

[10] 贵州:指贵州省,简称黔或贵。 郑子尹:即郑珍(1806—1864),字子尹,晚号柴翁,贵州遵义人。清诗人。曾任荔波县训导。治经学、小学。为晚清宋诗派作家。有《仪礼私笺》《说文逸字》《说文新附考》《巢经巢集》等。

[11] 渠:他。

[12] 许书:指许慎的《说文解字》。

[13] 知同:即郑知同。郑珍之子。

[14] 郑氏父子:指郑珍及其子郑知同。

[15] 叔重:即许慎(约58—约147),字叔重,汝南召陵(今河南省郾城)人。东汉经学家、文字学家。曾任太尉南阁

祭酒、汶长等职。博通经籍,有"五经无双许叔重"之评。著有《说文解字》等。

[16] 李少温:即李阳冰(níng),字少温,赵郡(今河北省赵县)人。唐文学家、书法家。官至将作监。工篆书,后世学篆者多宗之,有"笔虎"之称。曾刊定《说文》为三十卷,自为臆说。碑刻有《怡亭铭》《般若台题名》及《颜家庙碑额》等。 《三坟记》:唐碑。成于大历二年(767年)。李季卿撰文,李阳冰书。此三坟为李曜卿兄弟三人之墓。碑高六尺四寸四分,广二尺八寸,两面刻,篆书凡二十三行,行二十字。有中华书局拓印本。

《栖先茔记》:唐碑。大历二年(767年)刻。李季卿撰文,李阳冰书。篆书凡十四行,行二十六字,字迹结构茂美。原碑佚,现存西安碑林者为宋重刻石。

[17] 邓石如(1743—1805):清篆刻家、书法家。初名琰,又字顽伯,别号完白山人、笈游道人,安徽怀宁人。精四体书,造诣颇深,篆书自成面目。篆刻冲破当时只取法秦汉玺印的局限,使篆刻面貌为之一变。世称"邓派",又称"皖派"。著有《完白山人篆刻偶存》等。 《西铭》:宋张载撰。原为《正蒙·乾称篇》一部分。作者曾讲学关中,在学堂东西两牖名录《乾称篇》,东曰《砭愚》,西曰《订顽》。程颐为之改名《东铭》《西铭》。《西铭》略具张载的理学宗旨。清书法家邓石如曾用篆字书写此文。 《弟子职》:《管子》中的一篇。主要述弟子受业、应客、坐作、进退、洒扫、馔馈等仪节。清书法家邓石如曾用篆字书写此文。

[18] 永州:隋开皇九年(589年)置州,元改为路,明改为府。1913年废。

[19] 俾(bǐ):使。

[20] 褚:指唐书法家褚遂良。《西安圣教》:亦称《雁塔圣教》。唐代正书碑刻。永徽四年(公元653年)立于陕西西安慈恩寺大雁塔下。前石刻序,全称《大唐三藏圣教序》,太宗李世民撰,褚遂良书。后石刻记,全称《大唐皇帝述三藏圣教记》,高宗李治撰,褚遂良书。书法雅驯,是褚书代表作。现有,明代拓本存世。《同州圣教》:唐正书碑刻。太宗李世民撰序,高宗李治撰记,褚遂良书。龙朔三年(663年)立于同州(今陕西省大荔)。书体方整谨严,后人疑非褚所书。今有明拓本传世。

[21] 《王圣教》:即《圣教序》,全称《大唐三藏圣教序》。唐碑。唐贞观时,玄奘法师赴印度取经,往返十七年,回长安后,翻译佛教三藏(经、律、论)要籍六百五十七部。太宗作此序表彰其事。时高宗为太子,又作《述三藏圣教序记》。至高宗朝,多处将序、记刻石立碑。其中最有名者,为咸亨三年(672年)由弘福寺僧怀仁集晋王羲之行书字迹刻成,序、记二文后,附玄奘所译《心经》。碑在西安,通称《集王书圣教序》,简称《王圣教序》或《王圣教》。明、清两代翻刻本颇多。

[22] 爬:搔。

谕曾纪泽(1861)

字谕纪泽:

尔前寄所临《书谱》一卷,余比送徐柳臣先生处[1],请其批评,初七日接渠回信,兹寄尔一阅[2]。十三日晤柳臣先生,渠盛称尔草字可以入古,又送尔扇一柄,兹寄回。刘世兄送《西安圣教》,兹与手卷并寄回,查收。尔前用油纸摹字,若常常为之,间架必大进。欧、虞、颜、柳四大家[3],是诗家之李、杜、韩、苏[4],天地之日星江河也。尔有志学书,须窥寻四人门径。至嘱至嘱!

咸丰十一年七月十四日

注释

[1] 比:近日。

[2] 兹:现在。

[3] 欧、虞、颜、柳:指欧阳询、虞世南、颜真卿、柳公权。

[4] 李、杜、韩、苏:指李白、杜甫、韩愈、苏轼。

谕曾纪泽(1861)

字谕纪泽:

前接来禀,知余钞《说文》,阅《通鉴》,均尚有恒,能耐久坐,至以为慰。

去年在营,余教以看、读、写、作,四者阙一不可[1]。尔今阅《通鉴》,算看字工夫;钞《说文》,算读字工夫。尚能临帖否?或临《书谱》,或用油纸摹欧、柳楷书[2],以药尔柔弱之体[3],此写字工夫,必不可少者也。尔去年曾将《文选》中零字碎锦分类纂钞[4],以为属文之材料[5],今尚照常摘钞否[6]?已卒业否[7]?或分类钞《文选》之词藻,或分类钞《说文》之训诂,尔生平作文太少,即以此代作字工夫,亦不可少者也。

尔十余岁至二十岁虚度光阴,即今将看、读、写、作四字逐日无间[8],尚可有成。尔语言太快,举止太轻,近能力行"迟重"二字以改救否？……

咸丰十一年七月二十四日

注释

[1] 阙（quē）：同"缺"。空缺，缺少。
[2] 欧、柳：指欧阳询、柳公权。
[3] 药：治疗。
[4] 零字碎锦：此指富于文采的词句。
[5] 属文：撰写文章。
[6] 尚：还。
[7] 卒（zú）业：此指全部完成。
[8] 即：至，到。

谕曾纪泽（1861）

字谕纪泽：

八月二十日胡必达、谢荣凤到，接尔母子及澄叔三信，并《汉魏百三家》《圣教序》三帖[1]。二十二日谭在荣到，又接尔及澄叔二信，具悉一切。……

大女儿择于十二月初三日发嫁[2]，袁家已送期来否？余向定妆奁之资二百金[3]，兹先寄百金回家，制备衣物，余百金俟下次再寄[4]。其自家至袁家途费暨六十侄女出嫁奁仪[5]，均俟下次再寄也。

居家之道，惟崇俭可以长久，处乱世尤以戒奢侈为要义。衣服不宜多制，尤不宜大镶大缘，过于绚烂。尔教导诸妹，敬听父训，自有可久之理。

咸丰十一年八月二十四日

注释

[1] 《汉魏百三家》：即《汉魏六朝百三名家集》。 《圣教序》：即《大唐三藏圣孝序》，简称《圣教序》。
[2] 发嫁：打发出嫁。
[3] 向：从前，原先。 妆奁（zhuāng lián）：旧俗称嫁妆。

　　金：计算货币的单位。明代以后以银一两或银币一元为一金。
[4] 俟（sì）：等待。
[5] 暨（jì）：与，及，和。 奁仪：用于陪嫁的礼品。

谕曾纪泽（1861）

字谕纪泽：

接尔八月十四日禀并日课一单、分类目录一纸[1]，日课单批明发还。

目录分类，非一言可尽。大抵有一种学问，即有一种分类之法；有一人嗜好，即有一人摘钞之法。若从本原论之，当以《尔雅》为分类之最古者。天之星辰，地之山川、鸟兽、草木，皆古圣贤人辨其品汇[2]，命之以名，《书》所称大禹主名山川[3]，《礼》所称黄帝正名百物是也[4]。物必先有名而后有是字，故必知命名之原，乃知文字之原。舟车弓矢，俎豆钟鼓[5]，日用之具，皆先王制器以利民用，必先有器而后有是字，故又必知制器之原，乃知文字之原。君臣上下，礼乐兵刑，赏罚之法，皆先王立事以经纶天下[6]，或先有名而后有字，或先有事而后有字，故又必知万事之本，而后知文字之原。

此三者，物最初，器次之，事又次之，三者既具，而后有文词。《尔雅》一书，如释天、释地、释山、释水、释草木、释鸟兽虫鱼，物之属也；释器、释宫、释乐，器之属也；释亲，事之属也；释诂、释训、释言，文词之属也。《尔雅》之分类，惟属事者最略；后事之分类，惟属事者最详。事之中又判为两端：曰虚事，曰实事。虚事者，如经之"三礼"、马之"八书"、班之"十志"及"三通"之区别门类是也[7]。实事者，就史鉴中已往之事迹[8]，分类纂记，如《事文类聚》《白孔六帖》《太平御览》及我朝《渊鉴类函》《子史精华》等书是也[9]。

尔所呈之目录，亦是钞摘实事之象[10]，而不如《子史精华》中目录之精当。余在京藏《子史精华》，温叔于二十八年带回[11]，想尚在白玉堂，尔可取出核对，将子目略为减少[12]。后世人事日多，史册日繁，摘类书者，事多而器物少，乃势所必然。尔即可照此钞法，但期与《子史精华》规矩相仿，即为善本。其末附古语鄙谚，虽未必无用，而不如径摘钞《说文》训诂[13]，庶与《尔雅》首三篇相近也[14]。余亦思仿《尔雅》之例钞纂类书，以记日知月无忘之效，特患年齿已衰[15]，军务少暇，终不能有所成。或余少引其端，尔将来继成之可耳。

余身体尚好，惟疮久不愈……紫兼毫营中无之[16]，兹付笔二十支、印章一包，查收，蓝格本下次再付。澄叔处尚未写信，将此送阅。

咸丰十一年九月初四日

注释

[1] 日课：每天的功课。

[2] 品汇：事物的品种类别。

[3] 大禹：对夏禹的美称。夏禹，夏后氏部落领袖，史称禹、戎禹。姒姓。鲧的儿子。古史相传禹继承鲧的治水事业，采用疏导的办法，历时十三年，三过家门而不入，水患悉平。舜死，禹继任部落联盟领袖，建立夏朝。　主名：确定名称。

[4] 黄帝：传说中中原各族的共同祖先。姬姓，号轩辕氏、有熊氏。少典之子。相传他曾先后打败扰乱各部落的炎帝、蚩尤，从此他由部落首领被拥戴为部落联盟领袖。据说有很多发明创造，如养蚕、舟车、文字、音律、医学、算数等，都创始于黄帝时期。　正名：辨正名称、名分。

[5] 俎（zǔ）豆：古代祭祀用的两种盛祭品的器具。

[6] 经纶：整理丝缕、理出丝绪和编丝成绳，统称经纶。引申为筹划治理国家大事。

[7] 三礼：儒家经典《周礼》《仪礼》《礼记》的合称。　马：指《史记》的作者司马迁。　八书：指《史记》的《礼》《乐》《律》《历》《天官》《封禅》《河渠》《平准》八书，其内容是关于古代社会的经济、政治、文化各方面的专题记载和论述。其后正史自《汉书》起皆称志。　班：指《汉书》作者班固。　十志：指《汉书》的《律历》《礼乐》《刑法》《食货》《郊祀》《天文》《五行》《地理》《沟洫》《艺文》十志。　三通：唐代杜佑《通典》、宋代郑樵《通志》、元代马端临《文献通考》的合称。

[8] 已往:同"以往"。

[9] 《事文类聚》:宋代祝穆撰。一百七十卷,分前、后、别、续四集。其书仿《艺文类聚》《初学记》等类书,搜集古今纪事及诗文,合编成书,供查阅典故之用。

《白孔六帖》:类书。唐代白居易辑,宋代孔传续辑。原书三十卷,名《六帖》;续辑三十卷,称《后六帖》。后合为一书,分百卷。杂采成语典故,备当时作文选录词藻之用。体例与《北堂书钞》相同。所收多为现在失传之书。 《太平御览》:类书。宋太宗命李昉等辑,初名《太平总类》,太宗按日阅览,改题今名,简称《御览》。始于太平兴国二年(977年),成于八年。一千卷,分五十五门。引书浩博,其中不少都是现在不传之书。

[10] 象:此指形式上的划分类别。

[11] 二十八年:指清道光二十八年,即公元1848年。

[12] 略为:约略,稍微。

[13] 径:直接。

[14] 庶(shù):差不多。

[15] 特:只是。

[16] 紫兼毫:用紫兔毛制成的毛笔。

谕曾纪泽 (1861)

字谕纪泽:

昨见尔所作《说文分韵解字凡例》,喜尔今年甚有长进,因请莫君指示错处。莫君名友芝,字子思,号邵亭,贵州辛卯举人[1]，学问淹雅[2]，丁未年在琉璃厂与余相见[3]，心敬其人。七月来营，复得畅谈。其学于考据、词章二者皆有本原，义理亦践修不苟[4]。兹将渠批订尔所作之《凡例》寄去[5]，余亦批示数处。

又寄银百五十两，合前寄之百金，均为大女儿于归之用[6]。以二百金办奁具[7]，以五十金为程仪[8]，家中切不可另筹银钱，过于奢侈。遭此乱世，虽大富大贵，亦靠不住，惟"勤俭"二字可以持久。

又寄丸药二小瓶，与尔母服食。尔在家常能早起否？诸弟妹早起否？说话迟钝、行路厚重否？宜时时省记也。

咸丰十一年九月二十四日

注释

[1] 辛卯：即公元1831年。 举人：唐制为各地乡贡入京应试的通称，意即应举之人。明清则为乡试考中者之专称，以作为一种出身资格。

[2] 淹雅：渊博。

[3] 丁未：即公元1847年。 琉璃厂：北京街市名称。元代于此地建琉璃窑，始有今名。明永乐年间营建宫殿，设厂制琉璃瓦件，清康熙年间改为居民区。乾隆年间四库馆开，学人群集，乃开设书籍、古玩、字画、碑帖、文具等店，而以书肆为盛。

[4] 义理：旧时指讲求经义、探究名理的学问。 践修：履行和修治。

[5] 《凡例》：即本文开头所言《说文分韵解字凡例》。

[6] 于归：于，到，往；归，旧称女子出嫁为归。于归，指女子出嫁。

[7] 奁具：此指嫁妆。

[8] 程仪：此指送给出嫁女儿的财礼。

谕曾纪泽（1861）

字谕纪泽：

初四夜接尔二十六日禀。所刻《心经》[1]，微有《西安圣教》笔意[2]。总要养得胸次博大活泼[3]，此后更当有长进也。

尔去年看《诗经注疏》已毕否？若未毕，自当补看，不可无恒耳。

讲《通鉴》，即以我过笔者讲之亦可。将来另购一部，尔照我之样，过笔一次可也。

咸丰十一年十月二十四日

注释

[1] 《心经》：佛教经名。全称《般若波罗蜜多心经》。以唐玄奘译本最为通行。此经说明以般若（智慧）观察宇宙万事万物自性本空的道理，而证悟无所得的境界。这一思想是全部般若所说的核心，故称《心经》。《心经》仅二百余字，便于持诵，故在佛教中极其流行。

[2] 微：稍，略。 笔意：指书画或诗文所表现的意态情致。

[3] 胸次：胸间。亦指胸怀。

谕曾纪泽（1861）

字谕纪泽：

接沅叔信，知二女喜期，陈家择于正月二十日入赘[1]。澄叔欲于乡间另备一屋，余意即在黄金堂成礼，或借曾家圫头行礼，三朝后仍接回黄金堂[2]，想尔母子与诸叔已有定议矣。兹寄回银二百两，为二女奁资；外五十金，为酒席之资，俟下次寄回（亦于此次寄矣）。……

疥癣并未少减，每当痛痒极苦之时，常思与尔母子相见。因贼氛环逼，不敢遽接家眷。又以罗氏女须嫁，纪鸿须出考，且待明春察看。如贼焰少衰，安庆无虞[3]，则接尔母带纪鸿来此一行，尔夫妇与陈婿在家照料一切。若贼氛日甚，则仍接尔来此一行。明年正二月，再有准信。

纪鸿县府各考，均须请邓师亲送。澄叔前言纪鸿至书院读书，则断不可。

前蒙恩赐遗念衣一、冠一、搬指一、表一[4]，兹用黄箱送回（宣宗遗念衣一、玉佩一[5]，亦可藏此箱内），敬谨珍藏。此嘱。

咸丰十一年十二月十四日

注释

[1] 入赘（zhuì）：男子就婚于女家并成为其家庭成员。

[2] 朝（zhāo）：天，日。

[3] 无虞（yú）：没有忧患，太平无事。

[4] 恩赐（cì）：朝廷的赏物。 遗念：以死者遗物作纪念。 搬指：即"扳指"。用翠、玉做成的戴于右手大拇指上的装饰品。

[5] 宣宗：即爱新觉罗·旻宁（1782—1850）。清道光皇帝，庙号宣宗，年号道光，公元1820—1850年在位。统治期间，政治腐败，人民奋起反抗。鸦片战争爆发后，向外国侵略者妥协投降，曾先后同英国签订了《南京条约》，同美国签订了《望厦条约》，同法国签订了《黄埔条约》，丧权辱国，使中国一步步沦为半殖民地半封建社会。太平天国革命爆发前病死。

谕曾纪泽（1862）

字谕纪泽：

　　正月十三四，连接尔十二月十六、二十四两禀，又得澄叔十二月二十二日一缄，备悉一切。尔诗一首，阅过发回。尔诗笔远胜于文笔，以后宜常常为之。余久不作诗而好读诗，每夜分辄取古人名篇高声朗诵[1]，用以自娱。今年亦当间作二三首，与尔曹相和答[2]，仿苏氏父子之例[3]。

　　尔之才思，能古雅而不能雄骏[4]，大约宜作五言而不宜作七言。余所选《十八家诗》[5]，凡十厚册，在家中，此次可交来丁带至营中。尔要读古诗，汉魏六朝，取余所选曹、阮、陶、谢、鲍、谢六家[6]，专心读之，必与尔性质相近。至于开拓心胸，扩充气魄，穷极变态[7]，则非唐之李、杜、韩、白[8]，宋金之苏、黄、陆、元八家[9]，不足以尽天下古今之奇观。尔之性质，虽与八家者不相近，而要不可不将此八人之集悉心研究一番，实六经外之钜制，文字中之尤物也[10]。

　　尔于小学，粗有所得，深用为慰。欲读周汉古书[11]，非明于小学无可问津。余于道光末年[12]，始好高邮王氏父子之说，从事戎行[13]，未能卒业，冀尔竟其绪耳[14]。

余身体尚可支持，惟公事太多，每易积压。癣痒迄未甚愈。家中索用银钱甚多，其最要紧者，余必付回。京报在家，不知系报何喜？若节制四省[15]，则余已两次疏辞矣[16]，此等空空体面，岂亦有喜报耶？

同治元年正月十四日[17]

注释

[1] 夜分(fēn)：夜半。

[2] 和(hè)答：酬答别人的诗。

[3] 苏氏父子：指北宋文学家苏洵及其子苏轼、苏辙。

[4] 古雅：古朴雅致。 雄骏：气势雄伟，不同凡响。

[5] 《十八家诗》：即《十八家诗钞》，清代曾国藩编纂。

[6] 曹、阮、陶、谢、鲍、谢：指曹植、阮籍、陶渊明、谢灵运、鲍照、谢朓。曹植（192—232），三国魏诗人。曹操之子。字子建，沛国谯县（今安徽省亳州市）人。封陈王，谥号"思"，世称"陈思王"。工五言诗，又善辞赋、散文。宋人辑有《曹子建集》。阮籍（210—263），字嗣宗，陈留尉氏（今属河南省）人。三国魏文学家、思想家。曾为步兵校尉，世称"阮步兵"。与嵇康齐名，为"竹林七贤"之一。常以酣醉不问世事保全自身。其诗长于五言。后人辑有《阮步兵集》。陶渊明（365 或 372 或 376—427），一名潜，字元亮，私谥"靖节"，浔阳柴桑（今江西省九江）人。东晋大诗人。曾任江州祭酒、彭泽令等职，因不满朝政黑暗，决心辞官归隐，长于诗文辞赋。有《陶渊明集》。谢灵运（385—433），南朝宋诗

人。陈郡阳夏（今河南省太康）人。晋时袭封康乐公，故称"谢康乐"。入宋曾任永嘉太守等职。诗多描写山水名胜，开文学史山水诗一派。明人辑有《谢康乐集》。谢朓（464—499），南朝齐诗人。字玄晖，陈郡阳夏（今河南省太康）人。曾任宣城太守、尚书吏部郎等职。诗多描写自然景象，风格清峻。后人辑有《谢宣城集》。

[7] 穷极：追究。

[8] 李、杜、韩、白：指李白、杜甫、韩愈、白居易。白居易（772—846），字乐天，晚年号香山居士，其先太原（今属山西省）人，后迁居下邽（今陕西省渭南东北）。唐代大诗人。曾官左拾遗等，因得罪权贵，贬为江州司马，后官至刑部尚书。新乐府运动的倡导者。有《白氏长庆集》。

[9] 苏、黄、陆、元：指苏轼、黄庭坚、陆游、元好问。元好问（1190—1257），字裕之，号遗山，秀容（今山西省忻县）人。金文学家。曾任尚书省左司员外郎等职，金亡不仕。工诗文。有《遗山集》，编有《中州集》。

[10] 尤物：珍奇之物。

[11] 周汉古书：这里指汉代以前的书籍。

[12] 道光：清宣宗爱新觉罗·旻宁年号。公元1820—1850年。

[13] 戎行（róng háng）：军队。

[14] 竟其绪：完成我所未竟的事业（此指研究学问）。

[15] 节制：指挥，管辖。此指1861年曾国藩节制浙、苏、皖、赣四省军务。

[16] 疏辞：指向皇帝上奏章。

[17] 同治元年：同治，清穆宗爱新觉罗·载淳年号。公元1862—1874年。同治元年，即公元1862年。

谕曾纪泽（1862）

字谕纪泽：

二月十三日接正月二十三日来禀，并澄侯叔一信，知五宅平安，二女正月二十日喜事，诸凡顺遂[1]，至以为慰。

……

余身体平安，今岁间能成寐，为近年所仅见[2]。惟圣眷太隆[3]，责任太重，深以为危[4]，知交有识者亦皆代我危之。只好刻刻谨慎，存一临深履薄之想而已[5]。

今年县考在何时[6]？鸿儿赴考，须请寅师往送[7]。寅师父子一切盘费，皆我家供应也。共需若干，尔付信来，由营寄回。

七十侄女于归，寄去银百两、裌料一件并里裙料一件。尔所需笔墨等件付回，照单查收。

此信并呈澄叔一阅，不另具[8]。

同治元年二月十四日

注释

[1] 诸凡：所有，一切。

[2] 仅见：极其少见，罕见。

[3] 圣眷：帝王的宠眷。　隆：深，深厚。

[4] 危：忧惧，害怕。

[5] 临深履薄：语出《诗·小雅·小旻》："战战兢兢，如临深渊，如履薄冰。"本指面临深渊，脚踏薄冰。后

喻谨慎戒惧。

[6] 县考：即"县试"。清代由县官主持的考试。取得出身的童生，由本县廪生保结后才能报名赴考。考期多在二月，约考五场，试八股文、试贴诗、经论、律赋等。事实上第一场录取后即有参加上一级府试的资格。

[7] 寅师：即前所提寅皆先生，曾纪泽兄弟的老师。

[8] 具：写。

谕曾纪泽（1862）

字谕纪泽：

三月十三日接尔二月二十四日安禀并澄叔信，具悉五宅平安。

尔至葛家送亲后，又须至浏阳送陈婿夫妇[1]，又须赶回黄宅送亲[2]。又须接办罗氏女喜事。今年春夏，尔在家中比余在营更忙。然古今文人学士，莫不有家常琐事之劳其身[3]，莫不有世态冷暖之攖其心[4]。尔现当家门鼎盛之时，炎凉之状不接于目。衣食之谋不萦于怀，虽奔走烦劳，犹远胜于寒士困苦之境也。

尔母咳嗽不止，其病当在肺家。兹寄去好参四钱五分、高丽参半斤，好者如试之有效，当托人到京再买也。余病久不吃丸药，每月两逢节气，服归脾汤三剂。迩来渴睡甚多[5]，不知是好是歹。……

第三女于四月二十二日于归罗家，兹寄去银二百五十两。余不详，即呈澄叔一阅。此嘱。

同治元年三月十四日

注释

[1] 浏阳：三国吴置县，隋并入长沙县，唐改置浏阳县。在湖南省东部，邻接江西省。
[2] 黄宅：指曾家黄金堂宅院。
[3] 莫：没有谁。
[4] 攫（jué）：夺取。这里是扰乱的意思。
[5] 迩（ěr）：近来。 渴睡：即"瞌睡"。想睡觉或困倦而进入睡眠、半睡眠状态。

谕曾纪泽（1862）

字谕纪泽：

连接尔十四、二十二日在省城所发禀[1]，知二女在陈家，门庭雍睦[2]，衣食有资[3]，不胜欣慰。

尔累月奔驰酬应，犹能不失常课，当可日进无已。人生惟"有常"是第一美德[4]。余早年于作字一道，亦尝苦思力索，终无所成。近日朝朝摹写，久不间断，遂觉月异而岁不同。可见年无分老少，事无分难易，但行之有恒。自如种树畜养，日见其大而不觉耳。

尔之短处在言语欠钝讷[5]，举止欠端重，看书能深入而作文不能峥嵘[6]。若能从此三事上下一番苦工，进之以猛，持之以恒。不过一二年，自尔精进而不觉。言语迟钝，举止端重，则德进矣[7]。作文有峥嵘雄快之气[8]，则益进矣。尔前作诗，差有端绪[9]，近亦常作否？李、杜、韩、苏四家之七古[10]，惊心动魄，曾涉猎及之否……

余近日疮癣大发,与去年九十月相等。公事丛集,竟日忙冗[11],尚多积阁之件,所幸饮食如常,每夜安眠,或二更三更之久,不似往昔彻夜不寐,家中可以放心。

此信并呈澄叔一阅,不另致也。

同治元年四月初四日

注释

[1] 省城:指湖南省省会长沙市。

[2] 门庭:此指家庭。 雍睦:和睦。

[3] 资:蓄积。

[4] 有常:此指有恒心。

[5] 钝讷(nè):出言迟钝。这里针对曾纪泽说话太快而言。

[6] 峥嵘:卓越,超拔。这里指文章气势雄峻,超凡脱俗。

[7] 德:通"得"。得到。

[8] 雄快:豪爽痛快。

[9] 差(chā):比较,略微。 端绪:头绪。

[10] 李、杜、韩、苏:指李白、杜甫、韩愈、苏轼。

[11] 竟日:终日,整天。 忙冗(rǒng):忙碌。

谕曾纪泽、曾纪鸿(1862)

字谕纪泽、纪鸿:

今日专人送家信,甫经成行[1],又接王辉四等带来四月初十之信,尔与澄叔各一件,藉悉一切。

尔近来写字，总失之薄弱，骨力不坚劲[2]，墨气不丰腴，与尔身体向来轻字之弊正是一路毛病。尔当用油纸摹颜字之《郭家庙》、柳字之《琅琊碑》《玄秘塔》[3]，以药其病，日日留心，专从厚重二字上用工。否则字质太薄，即体质亦因之更轻矣。

人之气质[4]，由于天生，本难改变，惟读书则可变化气质。古之精相法者[5]，并言读书可以变换骨相[6]。欲求变之之法，总须先立坚卓之志[7]。即以余生平言之，三十岁前，最好吃烟，片刻不离，至道光壬寅十一月二十一日立志戒烟[8]，至今不再吃；四十六岁以前作事无恒，近五年深以为戒，现在大小事均尚有恒。即此二端，可见无事不可变化也。尔于厚重二字，须立志改变。古称"金丹换骨[9]"，余谓立志即丹也。此嘱。

同治元年四月二十四日

注释

［1］ 甫（fǔ）：刚刚。

［2］ 骨力：指书画诗文刚健雄劲。此专指书法。

［3］ 《郭家庙》：即《郭家庙碑》。唐碑。唐广德二年（764年）刻。现存西安市碑林。颜真卿撰文并书写。楷书凡三十行，行五十八字。额篆书题《大唐赠太保兴国贞公庙碑》，为代宗（李豫）书。碑阴刻有子孙题名，亦颜真卿所书。

［4］ 气质：指人的生理、心理等素质，是相当稳定的个性特点。

［5］ 相（xiàng）法：观察面相、体态等以卜吉凶的方法。

［6］ 骨相（xiàng）：指人或动物的骨骼、形体、相貌。

［7］ 坚卓：坚贞。

［8］ 道光壬寅：指清道光壬寅年，即公元1842年。

[9] 金丹换骨：本喻诗人创作进入了造诣极深的顿悟境界，此谓立志有恒就可改变大小事情。

谕曾纪泽（1862）

字谕纪泽：

接尔四月十九日一禀，得知五宅平安。

尔《说文》将看毕，拟先看各经注疏，再从事于词章之学。余观汉人词章[1]。未有不精于小学训诂者。如相如、子云、孟坚[2]，于小学皆专著一书，《文选》于此三人之文著录最多[3]。余于古文，志在效法此三人并司马迁、韩愈五家，以此五家之文，精于小学训诂，不妄下一语也[4]。

尔于小学既粗有所得，正好从词章上用功。《说文》看毕之后，可将《文选》细读一过。一面细读，一面钞记，一面作文，以仿效之。凡奇僻之字[5]，雅故之训[6]，不手钞则不能记，不摹仿则不惯用。

自宋以后[7]，能文章者不通小学；国朝诸儒，通小学者又不能文章。余早年窥此门径，因人事太繁，又久历戎行，不克卒业[8]，至今用为歉憾。尔之天分，长于看书，短于作文。此道太短，则于古书之用意行气[9]，必不能看得谛当[10]。目下宜从短处下工夫，专肆力于《文选》[11]，手钞及摹仿二者皆不可少。待文笔稍有长进，则以后诂经读史[12]，事事易于着手矣。……

余身体平安，惟公事日繁，应复之信积阁甚多，余件尚能料理，家中可以放心。

此信送澄叔一阅。余思家乡茶叶甚切，迅速付来为要。

同治元年五月十四日

注释

[1] 汉人：指汉代人。

[2] 相如、子云、孟坚：即司马相如、扬雄（字子云）、班固（字孟坚）。

[3] 著录：此指选入《文选》的著作。

[4] 妄：胡乱，随便。

[5] 奇僻：亦作"奇辟"。怪异，冷僻。

[6] 雅故：雅正的训释。

[7] 宋：指宋代。包括北宋和南宋。两宋共历十八帝，三百二十年（960—1279年）。

[8] 不克：没能够。

[9] 用意：即立意。指文章（或著作）主旨的确立。 行气：指行文气势。

[10] 谛当（dì dàng）：确当，恰当。

[11] 肆力：尽力，致力。

[12] 诂（gǔ）：用今言解释古代语言文字。

谕曾纪泽（1862）

字谕纪泽：

二十日接家信，系尔与澄叔五月初二所发。二十二日又接澄侯衡州一信[1]，具悉五宅平安，三女嫁事已毕。

尔信极以袁婿为虑，余亦不料其遽尔学坏至此[2]。余即日当作信教之。尔等在家却不宜过露痕迹[3]。人所以稍顾体面者，冀人之敬重也[4]。若人之傲惰鄙弃业已露出，则索性荡然无耻，拚弃不顾[5]，甘与正人为仇[6]，而以后不可救药矣。我家内外大小，于袁婿处礼貌均不可疏忽。若久不悛改[7]，将来或接至皖营[8]，延师教之[9]，亦可。大约世家子弟，钱不可多，衣不可多。事虽至小，所关颇大。……

此次不另寄澄叔信，尔禀告之。此嘱。

同治元年五月二十四日

注释

[1] 衡州：隋开皇年间置州，因衡山而得名。治所在衡阳（今湖南省衡阳市）。元至元年间改为路。明洪武初年改为府。1913年废。

[2] 遽（jù）尔：突然，骤然。

[3] 尔等：你们。

[4] 冀：希望。

[5] 拚（pīn，又读pàn）弃：舍弃不顾，豁出去。

[6] 正人：正直的人，正派的人。

[7] 悛（quān）改：悔改。

[8] 皖：安徽的简称。因境内西部有皖山（天柱山）而得名。

[9] 延：聘请。

谕曾纪鸿（1862）

字谕纪鸿：

前闻尔县试幸列首选，为之欣慰。所寄各场文章，亦皆清润大方[1]。昨接易芝生先生十三日信，知尔已到省。城市繁华之地，尔宜在寓中静坐，不可出外游戏征逐[2]。兹余函商郭意城先生[3]，在东征局兑银四百两，交尔在省为进学之用。印卷之费，向例两学及学书共三分[4]，尔每分宜送钱百千[5]。邓寅师处谢礼百两。邓十世兄处送银十两[6]，助渠买书之资。余银数十两，为尔零用及略添衣物之需。

凡世家子弟，衣食起居无一不与寒士相同，庶可以成大器；若沾染富贵气习，则难望有成。吾忝为将相[7]，而所有衣服不值三百金。愿尔等常守此俭朴之风，亦惜福之道也[8]。其照例应用之钱，不宜过啬（谢禀保二十千，赏号亦略丰）[9]。谒圣后[10]，拜客数家，即行归里[11]。今年不必乡试[12]，一则尔工夫尚早，二则恐体弱难耐劳也。此谕。

同治元年五月二十七日

注释

[1] 清润：清丽温润。

[2] 征逐：交往过从。特指不务正业，唯在吃、喝、玩、乐上的往来。

[3] 郭意城：即郭昆焘，原名先梓，字仲毅，号意城，晚号樗叟。道光举人，官内阁中书。内行端厚，文辞简古。有《卧云山庄集》。

[4] 两学：国学和太学的合称。

[5] 千：量词。指千钱。古钱中间有孔，用绳索贯穿成串，一千钱为一贯，亦称一吊。

[6] 世兄：称有世代交谊的同辈或晚辈。亦称老师的儿子为世兄。

[7] 忝（tiǎn）：有愧于。常用作谦词。

[8] 惜福：珍惜福泽。

[9] 禀（lǐn）保：明清科举制度中，童生应试，按例须觅

廪生具保无身家不清及冒名顶替等弊，习惯上称这种手续为"补廪"，具保的人称"廪保"。　赏号：赏给每人一份的东西或钱。

[10]　谒（yè）圣：拜谒礼圣。

[11]　归里：回故乡。

[12]　乡试：明清时代每三年一次在各省省城（包括京城）举行的考试。考期在八月，分三场。考中的称为"举人"。会试不第，亦可依科选官。

谕曾纪泽（1862）

字谕纪泽：

曾代四、王飞四先后来营，接尔二十日、二十六日两禀，具悉五宅平安。

和张邑侯诗，音节近古，可慰可慰。五言诗，若能学到陶潜、谢朓，一种平淡之味、和谐之音，亦天下之至乐，人间之奇福也。尔既无志于科名禄位[1]，但能多读古书，时时哦诗作字[2]，以陶写性情，则一生受用不尽。第宜束身圭璧[3]，法王羲之、陶渊明之襟韵[4]，萧洒则可，法嵇、阮之放荡[5]，名教则不可耳[6]。

希庵丁忧[7]，余即在安庆送礼，写四兄弟之名，家中似可不另送礼。或鼎三侄另送礼物，亦无不可，然只可送祭席挽幛之类，银钱则断不必送，尔与四叔父、六婶母商之。希庵到家之后，我家须有人往吊[8]，或四叔、或尔去皆可，或目下先去亦可。

近年以来，尔兄弟读书，所以不甚耽搁者，全赖四叔照料大事，朱金权照料小事。兹寄回鹿茸一架、袍褂料一付，寄谢四叔；丽参三两、银十二两，寄谢金权；又袍褂一付，补谢寅皆先生。尔一一妥送。家中贺喜之客，请金权恭敬款接，不可简慢[9]，至要至要。

贤五先生请余作传，稍迟寄回；此次未写复信，尔先告之。家中有殿板《职官表》一书[10]，余欲一看，便中寄来。钞本《国史·文苑》《儒林传》尚在否[11]？查出禀知。此嘱。

同治元年七月十四日

注释

[1] 科名：科举功名。　禄位：俸给与爵次。泛指官位俸禄。

[2] 哦诗：吟咏诗句。

[3] 第：只是。　宜：应该。　束身：约束自己。　圭璧：泛指贵重的玉器。又用以比喻人品美好。

[4] 法：效法。　襟韵：胸怀气度。

[5] 嵇、阮：指嵇康、阮籍。　放荡：放纵，不受约束。

[6] 名教：指以正名定分为主的封建礼教。

[7] 希庵：即李续宜，字克让，号希庵，清代湘乡人。曾参与镇压太平天国农民起义，因功官至安徽巡抚。辛谥"勇毅"。　丁忧：遭逢父母丧事。

[8] 往吊：前去吊丧。

[9] 简慢：轻忽怠慢。

[10] 殿板：即"殿版"。亦称"殿本"。清代武英殿官刻本的简称。因刻印书籍机构设在武英殿，故名。所刻书籍以刻工精整，印刷优良著称。　《职官表》：书名。全称为《历代职官表》。清乾隆年间官修。七十二卷。

以清政府所设职官为纲，追溯历代沿革，先列表，次述官名、员额、官阶、职掌等项。因将历代职官名目强附于清代类似的职官之下，每有牵强之失。

[11]《国史·文苑》：即《国史·文苑传》。清阮元撰。共二卷。约同治年间刻印。　《儒林传》：即《国史·儒林传》。清阮元撰。共二卷。约同治年间刻印。

谕曾纪泽（1862）

字谕纪泽：

　　接尔七月十一日禀并澄叔信，具悉一切。鸿儿十三日自省起程，想早到家？……

　　尔所作《拟庄三首》[1]，能识名理，兼通训诂，慰甚慰甚。余近年颇识古人文章门径，而在军鲜暇[2]，未尝偶作，一吐胸中之奇。尔若能解《汉书》之训诂，参以《庄子》之诙诡[3]，则余愿尝矣。至行气为文章第一义[4]，卿、云之跌宕[5]，昌黎之倔强[6]，可为行气不易之法。尔宜先于韩公倔强处揣摩一番[7]。京中带回之书，有《谢秋水集》（名文洊，国初南丰人）[8]，可交来人带营一看。

　　澄叔处未另作书，将此呈阅。

同治元年八月初四日

注释

[1]《拟庄三首》：曾纪泽摹拟庄子文风创作的作品。

[2] 鲜（xiǎn）：少。　暇（xiá）：空闲。

[3] 诙诡：诙谐奇诡。

[4]　行（xíng）气：指行文气势。

[5]　卿、云：即司马相如（字长卿）、扬雄（字子云）。

[6]　昌黎：即韩愈。

[7]　韩公：指韩愈。

[8]　国初：指清代初期。　南丰：三国吴置县。在江西省东部、抚河上游，邻接福建省。

谕曾纪泽（1862）

字谕纪泽：

旬日未接家信[1]，不知五宅平安如常否？

……此次风波之险[2]，迥异寻常[3]。余忧惧太过，似有怔忡之象[4]；每日无论有信与无信，寸心常若皇皇无主[5]。前此专虑金陵之沅、季大营或有疏失[6]，近日金陵已稳，而忧惶战栗之象不为少减，自是老年心血亏损之症。欲尔再来营中省视，父子团聚一次。一则或可少解怔忡病症，二则尔之学问亦可稍进。或今冬起行，或明年正月起行，禀明尔母及澄叔行之。尔在此住数月归去，再令鸿儿来此一行。

寅皆先生明年定在大夫第教书[7]，鸿儿随之受业。金二外甥有志向学，尔可带之来营。余详日记中。此喻。

同治元年十月初四日

注释

[1]　旬日：十天。

[2]　此次风波：指同治元年（1862年）秋，太平天国起义军日夜猛攻天京（今南京市）雨花台曾国藩大营。

[3] 迥异:大不相同。

[4] 怔忡(zhēng chōng):恐惧不安。此指由恐惧而导致的一种病症,即恐惧症。

[5] 皇皇:同"惶惶"。惶恐不安的样子。

[6] 金陵:古邑名。战国楚威王七年(前333年)灭越后置,在今江苏省南京市清凉山。东晋王导称"建康古之金陵"。后人因作今南京市的别称。 沅:即曾国藩弟弟曾国荃,字沅甫。 季:即曾国藩的小弟弟曾国葆,字季洪,后易名贞幹,字事恒。太平天国农民起义爆发后,随曾国藩从军镇压太平军。因功封知府。后病死军中。谥"靖毅"。

[7] 大夫第:指曾家一处旧宅第。曾国藩的先人曾赠封光禄大夫。

谕曾纪泽(1862)

字谕纪泽:

十月初十日接尔信与澄叔九月二十日县城发信,具悉五宅平安。希庵病亦渐好,至以为慰。

尔从事小学、《说文》,行之不倦,极慰极慰。小学凡三大宗[1]:言字形者以《说文》为宗,古书惟大小徐二本[2],至本朝而段氏特开生面[3],而钱坫、王筠、桂馥之作亦可参观[4];言训诂者以《尔雅》为宗,古书惟郭注、邢疏[5],至本朝而邵二云之《尔雅正义》、王怀祖之《广雅疏证》、郝兰皋之《尔雅义疏》[6],皆称不朽之作;言音韵者以《唐韵》为宗[7],古书惟《广韵》《集韵》[8],至本朝而顾氏《音学五书》乃为不刊之典[9]，而江（慎修）、戴（东原）、段（茂堂）、王（怀祖）、孔（巽轩）、江（晋三）诸作[10]，亦可参观。尔欲于小学钻研古义，则三宗如顾、江、段、邵、郝、王六家之书[11]，均不可不涉猎而探讨之。

余近日心绪极乱，心血极亏，其慌忙无措之象，有似咸丰八年春在家之时[12]，而忧灼过之[13]，甚思尔兄弟来此一见，不知尔何日可来营省视？仰观天时，默察人事，此贼竟无能平之理。但求全局不遽决裂，余能速死，而不为万世所痛骂，则幸矣。

此信送澄叔一阅，不另致。

同治元年十月十四日

注释

[1] 宗：根本，本旨。

[2] 大小徐：指五代宋初文字学家徐铉、徐锴兄弟。二人齐名，世称"大小二徐"。徐铉（916—991），字鼎臣，扬州广陵（今江苏省苏州）人。初仕南唐，后归宋，官至散骑常侍。精通文字学，曾与句中正等校订《说文解字》，新补十九字于正文中，世称"大徐本"。另有《徐公文集》。徐锴（920—974），字楚金。官内史舍人。精通文字学，著有《说文解字系传》和《说文解字韵谱》。 二本：指徐铉校订的《说文解字》和徐锴所著《说文解字系传》。

[3] 本朝：即清朝。 段氏：指段玉裁。

[4] 钱坫（1744—1806）：清书法家。字献之，号十兰，江苏嘉定（今属上海市）人。官乾州州判。对地理和文字学钻研颇深。善篆书。晚年右手病废，用左手写字。著有《说文解字斠诠》《十六长乐堂古器款识考》

《浣花拜石轩镜铭集录》等。 王筠（1784—1854）：清文字学家。字贯山，号菉友，山东安丘人。道光举人。在《说文》研究上，综合分析诸家之说，为后人指示门径。著有《说文句读》《说文释例》《说文系传校录》《文字蒙求》等。 桂馥（1736—1805）：清文字训诂学家。字冬卉，号未谷，山东曲阜人。乾隆进士，官云南永平县知县。研究语言文字学，取《说文解字》与古代诸经典文义相参校，撰《说文义证》及《缪篆分韵》《札朴》等。

[5] 郭：指郭璞（276—324），字景纯，河东闻喜（今属山西省）人。东晋文学家、训诂学家。博学，好古文奇字，又喜阴阳卜筮之术。擅诗赋。所著《尔雅注》《尔雅音》《尔雅图》《尔雅图赞》，集《尔雅》学之大成。明人辑有《郭弘农集》。 邢：指邢昺（932—1010），字叔明，曹州济阳（今山东省曹县西北）人。北宋经学家。擢九经及第，官礼部尚书。所撰《论语正义》，讨论心性命论，为后来理学家所采纳。另有《尔雅义疏》和《孝经正义》，均收入《十三经注疏》中。

[6] 邵二云：即邵晋涵（1743—1796），字与桐，又字二云，号江南，浙江余姚人。清史学家、经学家。乾隆进士，入四库全书馆，授编修，擢侍讲学士。参加纂修《续三通》《八旗通志》等书。有志重修宋史，未成而卒。长于经学，撰《尔雅正义》。另有《孟子述义》《南江诗文钞》等。 《尔雅正义》：清经学家邵晋涵著。以郭璞《尔雅注》为宗，兼采汉代人旧注，是研究训诂学的重要著作。 郝兰皋：即郝懿行

(1755—1823），字恂九，号兰皋，山东栖霞人。清经学家、训诂学家。嘉庆进士，官户部主事。长于名物训诂考据之学，于《尔雅》用力最久。撰《尔雅义疏》《山海经笺疏》《书说》《易说》《春秋说略》《竹书纪年校正》等书。 《尔雅义疏》：训诂学书。清郝懿行撰。取材广博，可补郭璞《尔雅注》所未备。为研究训诂学的重要著作。

[7] 《唐韵》：韵书。唐朝孙愐撰。为陆法言《切韵》增字加注而作。原书已失传。

[8] 《广韵》：全称《大宋重修广韵》。韵书。宋朝陈彭年等奉诏重修。收字二万六千余，是汉语音韵学中一部重要的韵书。 《集韵》：韵书。宋朝丁度等奉诏修订。收字五万三千五百二十五个。比《广韵》增一倍余。内容注重文字形体和训诂，为研究文字训诂和宋代语音的重要资料。

[9] 顾氏：指顾炎武。 《音韵五书》：音韵学书。清顾炎武撰。凡五种：①《音论》②《诗本音》③《易音》④《唐韵正》⑤《古音表》。

[10] 孔巽轩：即孔广森（1752—1786），字众仲，一字㧑约，号巽（顨）轩，山东曲阜人。清经学家、音韵学家、数学家。戴震弟子。官翰林院检讨。著有《诗声类》，分古韵为十八部，明确提出"阴阳对转"之说，主张东、冬分部，对古韵学研究有新创见。又善文学，工骈文，有《仪郑堂骈俪文》。另有《大戴礼记补注》《经学卮言》及《少广正负术》内外篇等。
江晋三：即江有诰（？—1851），字晋三，安徽歙县人。清音韵学家。撰《音学十书》，分先秦古韵为二

十一部,断定"古实有四声,特古人所读之声与后人不同"。

[11] 顾、江、段、邵、郝、王:指顾炎武、江永、段玉裁、邵晋涵、郝懿行、王念孙。

[12] 咸丰八年春在家之时:指咸丰八年(1858年)曾国藩离军营回原籍养病。

[13] 忧灼(zhuó):忧虑焦急。

谕曾纪泽、曾纪鸿(1862)

字谕纪泽、纪鸿:

日内未接家信,想五宅平安。

……

余两月以来,十分忧灼,牙疼殊甚,心绪之恶,甚于八年春在家、十年春在祁门之状[1]。尔明年新正来此[2],父子一叙,或可少纾忧郁[3]。

尔近日走路身体略觉厚重否?说话略觉迟钝否?鸿儿近学作试帖诗否?袁氏婿近常在家否?尔若来此,或带袁婿与金二外甥同来亦好。

澄叔处未另致。

同治元年十月二十四日

注释

[1] 八年、十年:指清咸丰八年、咸丰十年,即公元1858年、公元1860年。

[2] 新正(zhēng):农历新年正月。

[3] 纾（shū）：解除，排除。

谕曾纪泽（1862）

字谕纪泽：

二十九接尔十月十八在长沙所发之信，十一月初一又接尔初九日一禀，并与左镜和唱酬诗及澄叔之信[1]，具悉一切。

尔诗胎息近古[2]，用字亦皆的当[3]。惟四言诗最难有声响、有光芒。虽《文选》韦孟以后诸作[4]，亦复尔雅有余、精光不足[5]。扬子云之《州箴》《百官箴》诸四言，刻意摹古，亦乏作作之光、渊渊之声[6]。余生平于古人四言，最好韩公之作[7]。如《祭柳子厚文》《祭张署文》《进学解》《送穷文》诸四言，固皆光如皎日，响如春霆，即其他凡墓志之铭词及集中如《平淮西碑》《元和圣德》各四言诗[8]，亦皆于奇崛之中迸出声光[9]，其要不外意义层出、笔仗雄拔而已[10]。自韩公而外，则班孟坚《汉书·叙传》一篇，亦四言中之最隽雅者[11]。尔将此数篇熟读成诵，则于四言之道自有悟境[12]。

镜和诗雅洁清润[13]，实为吾乡罕见之才，但亦少奇矫之致[14]。凡诗文欲求雄奇矫变[15]，总须用意有超群离俗之想，乃能脱去恒蹊[16]。尔前信读《马汧督诔》[17]，谓其沉郁似《史记》，极是极是。余往年亦笃好斯篇，尔若于斯篇及《芜城赋》《哀江南赋》《九辩》《祭张署文》等篇吟玩不已[18]，则声情自茂，文思汩汩矣[19]。

此间军事危迫异常……余日夜忧灼，智尽能索，一息尚存，忧劳不懈。他非所知耳！

尔行路渐重厚否？纪鸿读书有恒否？至为廑念[20]。余详日记中。

此次澄叔处无信，尔详禀告。

同治元年十一月初四日

注释

[1] 唱酬：以诗词相酬答。

[2] 胎息：本指道家的一种修炼方法。此指诗文尚未成熟的风格。

[3] 的当（dí dàng）：恰当，稳妥。

[4] 韦孟：西汉诗人。彭城（郡治今江苏省徐州市）人。曾作《讽谏诗》《在邹诗》。两诗俱为四言体，今存。

[5] 尔雅：雅正，文雅。 精光：光彩。

[6] 作作：形容光芒四射。 渊渊：形容浑厚的鼓声。

[7] 韩公：指韩愈。

[8] 集：指韩愈作品集。

[9] 奇崛：亦作"奇倔"。笔墨新奇刚健。此指文章风格。

[10] 笔仗：指书画诗文的风格。

[11] 隽雅：优美典雅。

[12] 悟境：此指领悟到的境界。

[13] 雅洁：雅致高洁。 清润：清丽温润。

[14] 奇矫：奇特雄健。

[15] 矫（jiǎo）变：改变，变革。

[16] 恒蹊：固定的路子。此指已经形成的写作风格。

[17] 《马汧督诔》：西晋文学家潘岳为汧督马敦写的诔文。

[18] 《芜城赋》：南朝文学家鲍照登广陵城有感而作的赋。
　　《哀江南赋》：南朝文学家庾信为哀痛梁朝的灭亡而作的赋。 《九辩》：《楚辞》篇名。为战国楚辞赋家

宋玉所作。叙述作者政治上不得志的悲伤,对当时黑暗统治表示不满。《楚辞章句》谓此篇为悲悯屈原而作。

[19] 汩汩（gǔ gǔ）这里比喻文思勃发。

[20] 廑（qín）念：殷切关注。

谕曾纪泽（1862）

字谕纪泽：

二十二三日连寄二信与澄叔,驿递长沙转寄[1],想俱接到。

季叔赍志长逝[2],实堪伤恸。沅叔之意,定以季榇葬马公塘[3],与高轩公合冢[4]。尔即可至北港迎接。一切筑坟等事,禀问澄叔,必恭必悫[5]。俟季叔葬事毕后[6],再来皖营可也。

尔现用油纸摹帖否？字乏刚劲之气[7],是尔生质短处[8],以后宜从刚字、厚字用功。特嘱。

同治元年十一月二十四日

注释

[1] 驿递：用驿马传递。

[2] 赍（jī）志：怀抱着志愿。

[3] 季：指曾国藩的小弟弟曾国葆。 榇（chèn）：古时指内棺。后泛指棺材。

[4] 高轩公：即曾国藩的叔父曾高轩。

[5] 悫（què）：诚笃。

[6] 俟（sì）：等待。

[7] 气：此指字的风格、气势。

[8] 生质：禀赋。

谕曾纪泽（1862）

字谕纪泽：

　　十一日接十一月二十二日来禀，内有鸿儿诗四首。十二日又接初五日来禀，其时尔初自长沙归也。两次皆有澄叔之信，具悉一切。

　　韩公五言诗本难领会[1]，尔且先于怪奇可骇处、诙谐可笑处细心领会。可骇处，如"咏落叶"，则曰："谓是夜气灭，望舒陨其团"[2]；"咏作文"，则曰："蛟龙弄角牙，造次欲手揽"[3]。可笑处，如"咏登科"，则曰："侪辈妒且热，喘如竹筒吹"；"咏苦寒"，则曰："羲和送日出，恇怯频窥觇"[4]。尔从此等处用心，可以长才力，亦可添风趣。

　　鸿儿试帖[5]，大方而有清气，易于造就，即日批改寄回。

　　季叔奉初六恩旨追赠按察使[6]，照按察使军营病故例议恤[7]，可称极优，兹将谕旨录归。此间定于十九日开吊[8]，二十日发引[9]，同行者为厚四、甲二、甲六、葛泽山、江龙三诸族戚[10]，又有员弁亲兵等数十人送之[11]，大约二月可到湘潭[12]。葬期若定二月底三月初，必可不误。……

　　此信送澄叔一阅。

同治元年十二月十四日

注释

[１]　韩公：指韩愈。

[２]　"谓是"二句：出自韩愈《秋怀诗》。　望舒：神话中为月驾车的神。借指月亮。

[3] "蛟龙"两句：出自韩愈《送无本师归范阳》一诗。诗的大意是，我胆大包身，不怕蛟龙角牙，赶快揽在手中。

[4] "羲和"二句：出自韩愈《苦寒》一诗。诗的大意是，羲和驾车送出太阳，频频观望却畏缩不前。

[5] 试帖：即指试帖诗。

[6] 恩旨：帝王按定制给予臣子的恩赐和礼遇。按察使：官名。唐置。分道巡察各地。宋代以诸路转运使兼按察，明清以提刑按察司按察使为一省的司法长官。为正三品官。

[7] 议恤：对立功殉难人员，评议其功绩，给予褒赠抚恤。此处则是对曾国葆参与镇压太平天国农民起义军的所谓功绩的抚恤。

[8] 开吊：有丧事的人家在出殡以前接待亲友来吊唁。

[9] 发引：出殡时抬出灵柩称发引。

[10] 族戚：家族和亲戚。

[11] 员弁（biàn）：旧指低级文武官员。亲兵：随身护卫的士兵。

[12] 湘潭：唐改衡山县置湘潭县。在湖南省东部、湘江中游。

谕曾纪泽（1863）

字谕纪泽：

萧开二来，接尔正月初五日禀，得知家中平安。

罗太亲翁仙逝[1]，此间当寄奠仪五十金、祭幛一轴[2]，下次付回。

罗婿性情乖戾[3]，与袁婿同为可虑，然此无可如何之事，不知平日在三女儿之前亦或暴戾不近人情否[4]？尔当谆嘱三妹柔顺恭谨，不可有片语违忤[5]。三纲之道[6]，君为臣纲，父为子纲，夫为妻纲，是地维所赖以立[7]，天柱所赖以尊[8]。故《传》曰：君，天也[9]；父、天也；夫、天也。《仪礼》曰[10]：君至尊也；父至尊也；夫至尊也[11]。君虽不仁。臣不可以不忠；父虽不慈，子不可以不孝；夫虽不贤，妻不可以不顺。吾家读书居官[12]，世守礼义，尔当诰戒大妹、三妹忍耐顺受[13]。吾于诸女妆奁甚薄，然使女果贫困，吾亦必周济而覆育之[14]。目下陈家微窘，袁家、罗家并不忧贫，尔谆劝诸妹，以能耐劳忍气为要[15]。吾服官多年[16]，亦常在耐劳忍气四字上做工夫也。……

此信送澄叔一阅，不另致。

同治二年正月二十四日

注释

[1] 太亲翁：称姐夫或妹夫的父亲。　仙逝：登仙而去。古称人死的婉辞。

[2] 奠仪：用于祭奠的礼品。　祭幛：祭奠用的幛子。

[3] 乖戾（lì）：悖谬，不合情理。

[4] 暴戾：残暴，凶狠。

[5] 违忤（wǔ）：违背，不顺从。

[6] 三纲：我国封建社会中谓君为臣纲、父为子纲、夫为妻纲，合称"三纲"。

[7] 地维：维系大地的绳子。古人以为天圆地方，天有九柱支持，地有四维系缀。故"地维"亦指地的四角。

[8] 天柱：古代神话中的支天之柱。　尊：放置，立定。

[9] 天：依靠对象。

- [10] 《仪礼》：亦称《礼经》《士礼》，简称《礼》。儒家经典之一。春秋战国时代一部分礼制的汇编。共十七篇。据近人研究，成书当在战国初期至中叶间。
- [11] "君至尊也"三句：出自《仪礼·丧服第十一》。大意是说，君主、父亲、丈夫，都是最尊贵的人。
- [12] 居官：担任官职，做官。
- [13] 诰（gào）戒：告诉。
- [14] 覆育：抚养，养育。
- [15] 以上这一大段文字，过分宣扬三纲之道，实不足效法。
- [16] 服官：为官，做官。

谕曾纪泽（1863）

字谕纪泽：

二月二十一日在运漕行次[1]，接尔正月二十二日、二月初三日两禀，并澄叔两信，具悉家中五宅平安。大姑母及季叔葬事，此时均当完毕？

尔在团山嘴桥上跌而不伤，极幸极幸。闻尔母与澄叔之意欲修石桥，尔写禀来，由营付归可也。《礼》云[2]："道而不径，舟而不游"[3]。古之言孝者，专以保身为重。乡间路窄桥孤，嗣后吾家子侄凡遇过桥，无论轿马，均须下而步行。吾本意欲尔来营见面，因远道风波之险，不复望尔前来，且待九月霜降水落，风涛性定，再行寄谕定夺。

目下尔在家饱看群书，兼持门户。处乱世而得宽闲之岁月，千难万难，尔切莫错过此等好光阴也。

……澄叔不愿受沅之㧑封[4],余当寄信至京,停止此举,以成澄志[5]。

尔读书有恒,余欢慰之至。第所阅日博[6],亦须札记一二条,以自考证。

脚步近稍稳重否?常常留心!是嘱。

同治二年二月二十四日泥汊舟次

注释

[1] 运漕(cáo):由水路运粮。

[2] 《礼》:此旨《礼记》。

[3] "道而不径"二句:出自《礼记·祭义第二十四》。大意是说,走路要走大道而不走小路,有渡船就不去游水。

[4] 沅:即曾国荃,字沅甫。 㧑(yì)封:旧时官员以自身所受的封爵名号呈请朝廷移授给亲族尊长。

[5] 澄:即曾国潢,字澄侯。

[6] 第:连词,如果。 日博:一天天地增多。

谕曾纪泽(1863)

字谕纪泽:

接尔二月十三日禀并《闻人赋》一首,具悉家中各宅平安。

尔于小学训诂颇识古人源流,而文章又窥见汉魏六朝之门径,欣慰无已。余尝怪国朝大儒如戴东原、钱辛楣、段茂堂、王怀祖诸老,其小学训诂实能超越近古,直逼汉唐,而文章不能追寻古人深处,达于本而阁于末[1],知其一而昧其二[2],颇所不解。私窃有志[3]，欲以戴、钱、段、王之训诂[4]，发为班、张、左、郭之文章（晋人左思、郭璞小学最深，文章亦过两汉，潘、陆不及也）[5]，久事戎行，斯愿莫遂。若尔曹能成我未竟之志，则至乐莫大乎是。即日当批改付归。

尔既得此津筏[6]，以后更当专心一致，以精确之训诂，作古茂之文章。由班、张、左、郭[7]，上而扬、马[8]，而《庄》《骚》[9]，而《六经》，靡不息息相通[10]。下而潘、陆[11]，而任、沈[12]，而江、鲍、徐、庾[13]，则词愈杂，气愈薄，而训诂之道衰矣。至韩昌黎出，乃由班、张、扬、马而上跻《六经》[14]，其训诂亦甚精当。尔试观《南海神庙碑》《送郑尚书序》诸篇[15]，则知韩文实与汉赋相近[16]；又观《祭张署文》《平淮西碑》诸篇，则知韩文实与《诗经》相近。近世学韩文者，皆不知其与扬、马、班、张一鼻孔出气[17]，尔能参透此中消息[18]，则几矣。

尔阅看书籍颇多，然成诵者太少，亦是一短。嗣后宜将《文选》最惬意者熟读，以能背诵为断[19]。如《两都赋》《西征赋》《芜城赋》及《九辩》《解嘲》之类[20]，皆宜熟读。《选》后之文[21]，如《与杨遵彦书》（徐）、《哀江南赋》（庾）[22]，亦宜熟读。又经世之文，如马贵与《文献通考·序》二十四首[23]，天文如丹元子之《步天歌》（《文献通考》载之，《五礼通考》载之）[24]，地理如顾祖禹之《州域形势叙》（见《方舆纪要》首数卷，低一格者不必读，高一格者可读，其排列某州某郡无文气者亦不必读）[25]——以上所选文七篇三种，尔与纪鸿儿皆当手钞熟读，互相背诵。将来父子相见，余亦课尔等背诵也[26]。

尔拟以四月来皖，余亦甚望尔来，教尔以文。惟长江风波颇不放心[27]，又恐往返途中抛荒学业，尔禀请尔母及澄叔酌示。如四月起程，则只带袁婿及金二甥同来；如八九月起程，则奉母及弟妹妻女阖家同来[28]。到皖住数月，孰归孰留，再行商酌。目下皖北贼犯湖北[29]，皖南贼犯江西，今年上半年必不安静，下半年或当稍胜。尔若于四月来谒[30]，舟中宜十分稳慎；如八月来，则余派大船至湘潭迎接可也。

同治二年三月初四日

注释

[1] 阂（hé）：阻隔不通。

[2] 昧：蒙蔽，掩盖。

[3] 私：暗中。

[4] 戴、钱、段、王：指戴震、钱大昕、段玉裁、王念孙。

[5] 班、张、左、郭：指班固、张衡、左思、郭璞。潘、陆：指潘岳、陆机。

[6] 津筏：渡河的木筏。多比喻引导人们达到目的的门径。

[7] 班、张、左、郭：指班固、张衡、左思、郭璞。

[8] 扬、马：指扬雄、司马迁。

[9] 《庄》《骚》：即《庄子》《离骚》。

[10] 靡（mǐ）：无，没有。

[11] 潘、陆：指潘岳、陆机。

[12] 任、沈：指任昉、沈约。

[13] 江、鲍、徐、庾：指江淹、鲍照、徐陵、庾信。

[14] 班、张、扬、马：指班固、张衡、扬雄、司马迁。

[15] 《南海神庙碑》《送郑尚书序》：均为唐代文学家韩愈所撰碑文和文章。

[16] 韩：指韩愈。

[17] 扬、马、班、张：指扬雄、司马迁、班固、张衡。

[18] 参(cān)透：透彻地领悟。

[19] 断：限度。

[20] 《两都赋》：赋篇名。东汉文学家班固著。 《西征赋》：赋篇名。西晋文学家潘岳著。 《解嘲》：赋篇名。西汉文学家扬雄著。

[21] 《选》后之文：指《昭明文选》以后的文学作品，即南朝梁以后的作品（因《文选》编于梁朝）。

[22] 《与杨遵彦书》：南朝陈文学家徐陵所撰文章篇名。

[23] 马贵与：即马端临（约1254—1323），字贵与，乐平（今属江西省）人。宋元之际史学家。元初任慈湖、柯山两书院山长。著《文献通考》，历时二十余年始成。 《文献通考》：宋元之际马端临撰。记载上古到宋宁宗时的典章制度的沿革。 其自序称："引古经史谓之'文'，参以唐宋以来诸臣之奏疏、诸儒之议论谓之'献'，故名曰《文献通考》。" 《文献通考·序》，即《文献通考》的《序言》。

[24] 丹元子：隋朝隐居者，不知其名氏。据传著有《步天歌》。 《步天歌》：书名。唐代王希明著。又传为隋代丹元子所作。书中将星空分为三垣（紫微垣、太微垣、天市垣）和二十八宿。以歌词形式介绍星官，为历代观天认星的指南。

[25] 顾祖禹（1631—1692）：明末清初历史地理学家。字景范，江苏无锡人。生于常熟，自署常熟人。后又徙居无锡城东之宛溪，学者称"宛溪先生"。熟谙经史，好远游。后隐居著作，历时三十年撰成《读史方舆纪要》。 《方舆纪要》：全称《读史方舆纪要》。清地理名著。顾祖禹编著。一百三十卷。内容包括历代州

域形势、南北直隶和十三省、川渎、分野等部分,并附有图表。着重考订古今郡、县变迁及山川险要战守利害,是研究我国军事史及历史地理的重要文献。

[26] 课:考核,考查。

[27] 长江风波:指1863年春太平天国起义军在长江一带进一步调兵攻打曾国藩的湘军。

[28] 奉:侍奉,侍候。

[29] 湖北:清置湖北省。简称鄂。治所在武昌府。因地处长江中游、洞庭湖以北,故名。

[30] 谒(yè):进见(长辈或地位高的人)。

谕曾纪泽(1863)

字谕纪泽:

顷接尔禀及澄叔信,知余二月初四在芜湖下所发二信同日到家[1]。季叔与伯姑母葬事皆已办妥[2]。尔自楮山归来[3],俗务应稍减少。……

《闻人赋》圈批发还。尔能抗心希古[4],大慰余怀。纪鸿颇好学否?尔说话走路比往年较迟重否[5]?

付去高丽参一斤,备家中不时之需。又付银十两,尔托楮山为我买好茶叶若干斤。去年寄来之茶不甚好也。

此信送澄叔一看,不另。寄奏章、谕旨一本[6],查收。

同治二年三月十四日

注释

[1] 芜湖：汉置县。在安徽省东南部。因地势低洼蓄水而生芜藻，故名。

[2] 伯姑母：大姑母。

[3] 楮（zhū）山：在江西省丰城县东六十里，接临川县界。山多楮木。

[4] 抗心：心志高尚。　希古：仰慕古人。

[5] 迟重：稳健。

[6] 奏章：古代臣属向帝王进言陈事的文书。　谕旨：皇帝的诏令。

谕曾纪泽（1863）

字谕纪鸿：

接尔禀件，知家中五宅平安，子侄读书有恒，为慰。

尔问今年应否往过科考[1]？尔既作秀才[2]，凡岁考科考[3]，均应前往入场，此朝廷之功令[4]，士子之职业也。惟尔年纪太轻，余不放心。若邓师能晋省送考[5]，则尔凡事有所禀承，甚好甚好。若邓师不赴省，则尔或与易芝生先生同往，或随泽山、镜和、子祥诸先生同伴，总须得一老成者照应一切，乃为稳妥。尔近日常作试帖诗否？场中细检一番，无错平仄[6]，无错抬头也[7]。

此次未写信与澄叔，尔为禀告。

同治二年五月十八日

注释

[1] 科考：明清科举，乡试前由学官举行的甄别性考试。生员达一定等第，方准送乡试。

[2] 秀才：汉时开始与孝廉并为举士的科名。东汉为避光武帝刘秀讳改称"茂才"。唐宋间凡应举者皆称秀才，明清则称入府、州、县学生员为秀才。

[3] 岁考：清代学政每年对所属府、州、县生员、廪生举行的考试。分别优劣，酌定赏罚。凡府、州、县的生员、增生、廪生皆须应岁考。

[4] 功令：法令。

[5] 晋省：到省城。

[6] 平仄：平声和仄声。平指四声中的平声，仄指四声中的上、去、入三声。旧体诗词和骈俪文所用字音必须平仄相互交替，使声调谐和，谓之调平仄。

[7] 抬头：旧时书信、行文的一种格式。即涉及对方时，要按照一定的格式，另起一行书写，以示尊敬。

谕曾纪鸿（1863）

字谕纪鸿：

接尔澄叔七月十八日信并尔寄泽儿一函[1]，知尔奉母于八月十九日起程来皖，并三女与罗婿一同前来。现在金陵未复[2]，皖省南北两岸群盗如毛[3]，尔母及四女等姑嫂来此，并非久住之局。大女理应在袁家侍姑尽孝[4]，本不应同来安庆，因榆生在此，故吾未尝写信阻大女之行。若三女与罗婿，则尤应在家事母事姑[5]，尤可不必同来。余每见嫁女贪恋母家富贵而忘其翁姑者[6]，其后必无好处。余家诸女，当教之孝顺翁姑，敬事丈夫，慎无重母家而轻夫家，效浇俗小家之陋习也[7]。三女夫妇若尚在县城省城一带，尽可令之仍回罗家奉母奉姑，不必来皖。或业已开行，势难中途折回，则可同来安庆一次，小住一月二月，余再派人送归。其陈婿与二女,计必在长沙相见,不可带之同来。俟此间军务大顺,余寄信去接可也。

此间一切平安。纪泽与袁婿、王甥初二俱赴金陵。此信及奏稿一本,尔禀寄澄叔,交去人送去,余未另信告澄叔也。

同治二年八月初四日

注释

[1] 泽儿:作者称其子曾纪泽。

[2] 金陵未复:指南京未被收复。因当时南京为太平天国都城。

[3] 皖省南北两岸:指安徽境内长江南北沿岸。 盗:曾国藩对太平天国起义军的蔑称。

[4] 姑:丈夫的母亲。即婆婆。

[5] 母:此泛指女性尊长,非指母亲。

[6] 翁姑:丈夫的父母。即公婆。

[7] 浇俗:犹"浇风"。浮薄的社会风气。

谕曾纪鸿(1863)

字谕纪鸿:

尔于十九日自家起行,想九月初可自长沙挂帆东行矣[1]。船上有大帅字旗,余未在船,不可误挂。经过府县各城,可避者略为避开,不可惊动官长[2],烦人应酬也。

余日内平安,沅叔及纪泽等在金陵亦平安。此谕。

同治二年八月十二日

注释

[1] 挂帆：张帆行船。

[2] 官长（zhǎng）：此指所经过地方的官吏。

谕曾纪泽（1863）

字谕纪泽：

余于二十五日巳刻抵金陵陆营[1]，文案各船亦于二十六日申刻赶到[2]。

沅叔湿毒未愈，而精神甚好。

伪忠王曾亲讯一次[3]，拟即在此杀之。由安庆咨行各处之摺，在皖时未办咨札稿，兹寄去一稿。若已先发，即与此稿不符，亦无碍也。刻摺稿寄家可一二十分[4]，或百分亦可。沅叔要二百分，宜先尽沅叔处，此外各处不宜多散。

此次令王洪陛坐轮船于二十七日回皖，以后送包封者仍坐舢板归去[5]。包封每日止送一次[6]，不可再多。尔一切以勤俭二字为主。至嘱。

顷见安庆付来之咨行稿甚妥，此间稿不用矣。

同治三年六月二十六日酉刻[7]

注释

[1] 巳（sì）刻：十二时辰之一。上午九时至十一时。

[2] 申刻：十二时辰之一。下午三时至五时。

[3] 伪忠王：曾国藩对太平天国将领李秀成的蔑称。李秀成（1823—1864），广西藤县人。1851年参加太平军，曾任副掌率、后军主将。1859年封忠王。与陈玉成多次挫败清军，战功卓著。1864年7月天京（今南京

市）陷落，突围后在城郊被俘，写供状数万言，终为曾国藩所杀。　亲讯：亲自审问。

[4]　分（fèn）：量词。

[5]　包封：①封裹；②指密封的奏章。

[6]　止：只，仅。

[7]　酉刻：十二时辰之一。下午五时至七时。

谕曾纪泽（1864）

字谕纪泽：

日内北风甚劲，未接包封及尔禀，余亦未发信也。

伪忠王自写亲供，多至五万余字。两日内看该酋亲供[1]，如校对房本误书[2]，殊费目力。顷始具奏洪、李二酋处治之法[3]，李酋已于初六正法，供词亦钞送军机处矣。

沅叔已于十一二等日演戏请客。余亦于十五前后起程回皖。日内因天热事多，尚未将江西一案出奏，计非五日不能核定此稿。老年畏热，亦畏案牍之繁难。

余将来到金陵，即在英王府寓居[4]，顷已派人修理矣。此谕。

　　　　　　　　　　　同治三年六月二十六日酉刻。

注释

[1]　酋：古称部落首领。此为曾国藩对太平天国领袖人物的蔑称。

[2]　房本：即"坊本"。旧时民间书坊刻印的书籍。

[3]　洪：指洪秀全（1814—1864）。太平天国领袖。原名仁坤，广东花县人。清道光二十三年（1843年）创立

农民组织"拜上帝会",宣传革命思想;咸丰元年(1851年)正月,在广西金田村组织起义,建号太平天国,称天王。次年进军湖南、湖北等省,咸丰三年(1853年)建都南京,称天京。后因起义军内部分裂及清政府勾结帝国主义全力镇压,天京被围,同治三年(1863年)6月,洪秀全逝世,不久,天京陷落,起义失败。 李:指李秀成。

[4] 英王府:太平天国将领陈玉成官邸。

谕曾纪泽 (1864)

字谕纪泽:

二十三日之摺,批旨尚未到皖,颇不可解,岂已递至官相处耶?各处来信皆言须用贺表[1],余亦不可不办一分。尔请程伯敷为我撰一表[2],为沅叔撰一表。伯敷前后所作谢摺甚多[3],此次拟另送润笔费三十金[4],盖亦仅见之美事也。

得五等之封者似无多人[5]。余借人之力而窃上赏[6],寸心深抱不安。从前三藩之役[7],封爵之人较多,求阙斋西间有《皇朝文献通考》一部[8],尔试查《封建考》中三藩之役共封几人[9]?平准部封几人[10]?平回部封几人[11]?开单寄来。

伪幼王有逃至广德之说[12],不知确否?此谕。

同治三年七月初九日

注释

[1] 贺表:历代帝王有庆典武功等事,臣下所上的祝颂文表。

[2] 程伯敷：即程鸿诏，字伯敷，清大兴（今北京市大兴县）人，原籍黟县（今属安徽省）。道光举人，江苏候补知府。有《行有恒斋文集》。

[3] 谢摺：亦称"谢表"。旧时臣下感谢君主的奏章。

[4] 润笔费：亦称"润笔资""润笔钱"。指付给创作诗文书画者的报酬。

[5] 五等之封：指五等封爵，即公、侯、伯、子、男五等爵位。

[6] 上赏：最高的赏赐，重赏。

[7] 三藩：清初封明降将耿继茂为靖南王，尚可喜为平南王，吴三桂为平西王，称"三藩"。后逐渐发展成为地方武装割据势力。康熙十二年（1673年），清政府下令撤藩，吴三桂、耿精忠（耿继茂之子）、尚之信（尚可喜之子）相继反清，均为清政府所平定。

[8] 《皇朝文献通考》：即《清文献通考》。《续文献通考》的续编。清乾隆时官修。共三百卷，分二十六考。集录从清初到乾隆时的各种文献编成。其中八旗田制、八旗壮丁、外藩、八旗官学、蒙古王公等项，较有参考价值。

[9] 《封建考》：《清文献通考》的二十六考之一。

[10] 平准部：准部，即准噶尔部，清朝卫拉特蒙古四部之一。该部上层贵族噶尔丹等，勾结沙俄，制造分裂，破坏统一。为平息准噶尔部叛乱，自清康熙二十九年（1690年）至乾隆二十二年（1757年），清政府多次用兵，始将叛乱平息。

[11] 平回部：信仰伊斯兰教的维吾尔族，居住在新疆天山南路，清朝称其为回部。十八世纪中期，回部贵族大

小和卓兄弟发动叛乱，清乾隆皇帝派兵镇压。平回部即指此事。

[12] 伪幼王：曾国藩对洪秀全之子洪福的蔑称。太平天国领袖洪秀全死后，天京（今南京市）为清军所破，洪福出走广德，辗转至广信，为清官吏席宝田所擒，在江西南昌被杀。　广德：东汉置广德县，明入广德州，1912年复改为县。在安徽省东南部，邻接江苏、浙江两省。

谕曾纪鸿（1864）

字谕纪鸿：

自尔起行后，南风甚多，此五日内都是东北风，不知尔已至岳州否？

余以二十五日至金陵，沅叔病已痊愈。二十八日戮洪秀全之尸[1]，初六日将伪忠王正法。初八日接富将军咨，余蒙恩封侯[2]，沅叔封伯[3]。余所发之摺，批旨尚未接到，不知同事诸公得何懋赏[4]，然得五等者甚少[5]，余借人之力以窃上赏，寸心不安之至。

尔在外以谦谨二字为主。世家子弟，门第过盛，万目所属[6]。临行时，教以三戒之首末二条及力去傲惰二弊，当已牢记之矣。场前不可与州县来往[7]，不可送条子。进身之始[8]，务知自重。酷热尤须保养身体。此嘱。

同治三年七月初九日

注释

[1] 戮（lù）尸：刑罚的一种。陈尸示众，以示羞辱。这里是曾国藩对已故太平天国领袖洪秀全的一种侮辱。

[2] 封侯：此指因曾国藩镇压太平天国起义有功，清政府加封一等侯爵毅勇侯。

[3] 封伯：此指因曾国荃参与镇压太平天国起义有功，清政府加封一等伯爵威毅伯。

[4] 懋（mào）赏：奖赏以示勉励，褒美奖赏。

[5] 五等：此指五等封爵。

[6] 属（zhǔ）：注目，专注。

[7] 场：指科举时代的考试之所。此指科举考试。

[8] 进身：入仕做官。

谕曾纪鸿（1864）

字谕纪鸿：

自尔还湘启行后[1]，久未接尔来禀，殊不放心。今年天气奇热，尔在途次平安否[2]？

余在金陵与沅叔相聚二十五日，二十日登舟还皖，体中尚适。余与沅叔蒙恩晋封侯伯，门户太盛，深为祗惧[3]。尔在省以谦敬二字为主，事事请问意城、芝生两姻叔，断不可送条子，致腾物议[4]。十六日出闱[5]，十七八拜客，十九日即可回家。九月初在家听榜信后，再起程来署可也。择交是第一要事，须择志趣远大者。此嘱。

同治三年七月二十四日

注释

[1] 湘：指湖南。清置省，治所在长沙。因处洞庭湖之南，故名。又因湘水贯通南北，别称湘。

[2] 途次：半路上，旅途中。

[3] 祗（zhī）惧：敬惧，小心谨慎。

[4] 致腾：致，使达到；腾，胜过。致腾，超出一般。这里指搞特殊化。　物议：众人的议论。

[5] 出闱（wéi）：旧指科举考试结束后考生离开考场。

谕曾纪泽、曾纪鸿（1865）

字谕纪泽、纪鸿：

　　尔等奉母在寓，总以勤俭二字自惕，而接物出以谦慎。凡世家不勤不俭者，验之于内眷而毕露[1]。余在家深以妇女之奢逸为虑，尔二人立志撑持门户，亦宜自端内教始也[2]。

　　余身尚安，癣略甚耳。

同治四年闰五月初九日

注释

[1] 验：检验，考查。

[2] 端：开端。　内教：封建时代对妻室儿女训教。

谕曾纪泽（1865）

字谕纪泽：

　　接尔两次安禀，具悉一切。尔母病已全愈，罗外孙亦好，慰甚。……儿妇诸女，果每日纺绩有常课否[1]？下次禀复。

　　吾近夜饭不用荤菜，以肉汤炖蔬菜一二种，令极烂如臡[2]，味美无比，必可以资培养（菜不必贵，适口则足养人）[3]，试炖与尔母食之。（星冈公好于日入时手摘鲜蔬[4]，以供夜餐。吾当时侍食[5]，实觉津津有味。今则加以肉汤，而味尚不逮于昔时[6]。）后辈则夜饭不荤，专食蔬而不用肉汤，亦养生之宜、崇俭之道也。颜黄门（之推）《颜氏家训》作于乱离之世[7]，张文端（英）《聪训斋语》作于承平之世[8]，所以教家者极精[9]。尔兄弟各觅一册，常常阅习，则日进矣。

同治四年闰五月十九日清江浦[10]

注释

[1] 纺绩：纺，古代指纺丝；绩，指缉麻，即把麻析成细缕捻结起来。纺绩，把丝麻等纤维纺成纱或线。 常课：定额。

[2] 齯（ní）：有骨的肉酱。此指把蔬菜煮得极烂。

[3] 资：供给。 培养：本指蓄积。引申为营养。

[4] 日入：太阳落下去。

[5] 侍食：陪侍尊长进食。

[6] 不逮（dài）：比不上，不及。

[7] 颜之推（531—约595）：字介，琅邪临沂（今属山东省）人。南北朝文学家。初仕梁为散骑侍郎；梁亡投奔北齐，官至黄门侍郎，后人因称"颜黄门"；齐亡入周，为御史上士；隋开皇中，太子召为学士，以疾卒。有《颜氏家训》传世。 《颜氏家训》：颜之推撰。始作于北齐，成书于隋。共二十篇。述立身治家之法，辨正时俗之谬，以训子孙；兼论字画音训，考正典故，品第文艺。内容多可取，文笔亦朴实。

[8] 张文端：即张英（1637—1708），字敦复，号乐圃，

清桐城人。官至文华殿大学士兼礼部尚书。历充任《国史一统志》《渊鉴类函》《政治典训》《平定朔漠方略》总裁。卒谥"文端"。著有《笃素堂集》《聪训斋语》《易书衷论》等。 《聪训斋语》：家训类书。清张英撰。共二卷。

[9] 精：精当。

[10] 清江浦：旧镇名。在江苏省北部、大运河沿岸。原属淮阴县，1951年设市。

谕曾纪泽、曾纪鸿（1865）

字谕纪泽、纪鸿儿：

闰五月三十日由龙克胜等带到尔二十三日一禀，六月一日由驿递到尔十八日一禀，具悉一切。罗家外孙既系漫惊风[1]，则极难医治。……

尔写信太短。近日所看之书及领略古人文字意趣，尽可自摅所见[2]，随时质正[3]。前所示有气则有势，有识则有度[4]，有情则有韵，有趣则有味——古人绝好文字，大约于此四者之中必有一长。尔所阅古文，何篇于何者为近？可放论而详问焉[5]。鸿儿亦宜常常具禀，自述近日工夫。此示。

同治四年六月初一日

注释

[1] 漫：慢。

[2] 摅（shū）：抒发，表达。

[3] 质：质询。 正：就正。向人求教，以匡正学识文章

的讹误。

[4] 识：见识。 度：器度。

[5] 放论：高谈阔论。

谕曾纪泽、曾纪鸿（1865）

字谕纪泽、纪鸿：

十五日接泽儿十一日禀，鸿儿无禀，何也？

今日接小岑信，知邵世兄一病不起[1]，实深伤悼[2]。位西立身、行己、读书、作文俱无差谬[3]，不知何以家运衰替若此[4]？岂天意真不可测耶？

尔母之病，总带温补之剂，当无他虞。罗氏外孙及朱金权已痊愈否？

此间大水异常，备营皆已移渡南岸。惟余所居淮北两营系罗茂堂所带，二日内尚可不移。再长水八寸，则危矣。阴云郁热，雨势殊未已也。

邵世兄处，应送奠仪五十金，可由家中先为代出，有便差来营即付去。滕中军所带百人[5]，可令每半月派一兵来，此不必定候家乡长夫送信。余托陈小浦买龙井茶，尔可先交银十六两，亦候下次兵来时付去。

邵宅每月二十金，尔告伊卿照常致送否？须补一公牍否[6]？尔每旬至李宫保处一谈否[7]？幕中诸友凌晓岚等，相见契惬否[8]？气势、识度、情韵、趣味四者[9]，偶思邵子"四象"之说可以分配[10]，兹录于别纸，尔试究之。

注释

[1] 邵世兄：指邵懿辰之子。"世兄"，此指对世交晚辈的称呼。

[2] 伤悼：忧伤，哀伤。

[3] 位西：指邵位西，即邵懿辰（1810—1861），字位西，浙江仁和（今杭州市）人。清经学家、目录学家。曾任刑部员外郎。撰《礼经通论》《尚书传授同异考》；所编《四库简明目录》，是研究中国目录版本学的参考书。 差谬：错误，差错。

[4] 衰替：衰败。

[5] 中军：清代总督、巡抚以下，凡有兵权者，其标下（部下）的统领官，称中军。

[6] 公牍（dú）：公文。

[7] 李：指李鸿章。 宫保：即太子太保、少保之通称。清代对加有太子少保衔者，习惯上尊称为宫保。

[8] 契惬（qì qiè）：投合融洽。

[9] 识度：识见器度。 情韵：神韵，精神韵致。

[10] 邵子：对邵懿辰的尊称。

谕曾纪泽、曾纪鸿（1865）

字谕纪泽、纪鸿儿：

纪泽于陶诗之识度不能领会[1]，试取《饮酒》二十首、《拟古》九首、《归田园居》《咏贫士》七首等篇，反复读之。若能窥其胸襟之广大，寄托之遥深，则知此公于圣贤豪杰皆已升堂入室。尔能寻其用意深处，下次解说一、二首寄来。

又问"有一专长，是否须兼三者，乃为合作"，此则断断不能。韩无阴柔之美[2]，欧无阳刚之美[3]，况于他人而能兼之？凡言兼众长者，皆其一无所长者也。

鸿儿言此表范围曲成[4]，横竖相合，足见善于领会。至于纯熟文字，极力揣摩，固属切实工夫；然少年文字，总贵气象峥嵘。东坡所谓蓬蓬勃勃[5]，如釜上气[6]。古文如贾谊《治安策》、贾山《至言》、太史公《报任安书》、韩退之《原道》、柳子厚《封建论》、苏东坡《上神宗书》[7]，时文如黄陶庵、吕晚村、袁简斋、曹寅谷[8]，墨卷如《墨选观止》《乡墨精锐》中所选两排三叠之文[9]，皆有最盛之气势。

尔当兼在气势上用功，无徒在揣摩上用功。大约偶句多，单句少，段落多，分股少，莫拘场屋之格式[10]，短或三五百字，长或八九百字、千余字，皆无不可。虽系"四书题"[11]，或用后世之史事，或论目今之时务，亦无不可。总须将气势展得开，笔仗使得强，乃不至于束缚拘滞，愈紧愈呆。

嗣后尔每月作五课揣摩之文，作一课气势之文；讲揣摩者送师阅改，讲气势者寄余阅改。"四象表"中，惟气势之属"太阳"者，最难能而可贵。古来文人虽偏于彼三者，而无不在气势上痛下工夫，两儿均宜勉之。此嘱。

同治四年七月初三日

注释

[1] 陶：指陶渊明。

[2] 韩：此指韩愈文章的气势。

[3] 欧：此指欧阳修文章的气势。

[4] 表：表述，表示。

[5] 东坡：即苏轼。

[6] 釜（fǔ）：古代的一种锅。

[7] 贾山：西汉政论家。颍川（郡治今河南省禹县）人。初为颍阴侯灌婴给事，文帝时，撰《至言》，上书言治乱之道。另有论文八篇，今不存。 太史公：即司马迁。 韩退之：即韩愈。 柳子厚：即柳宗元。 苏东坡：即苏轼。

[8] 时文：旧时对科举应试文体的通称。明清时特指八股文。 黄陶庵：即黄淳耀（1605—1645），字蕴生，号陶庵，明代苏州嘉定（今属上海市）人。崇祯进士，不受官职。弘光元年（1645年），家乡人民起义抗清，被推为首领，城陷后与其弟自缢于僧舍。能诗文，有《陶庵集》《山左笔谈》。 吕晚村：即吕留良（1629—1683），初名光轮，字用晦，号晚村，崇德（今属浙江省桐乡）人。明清之际思想家。明亡，散家财结客，图谋复兴，事败，家居授徒。清适举博学鸿词，他誓死拒荐。后剪发为僧，卒前作《祈死诗》六首。雍正时，因曾静案（曾静读吕留良遗著，受其影响，反对清朝统治，于雍正十三年被杀），竟被剖棺戮尸。精通医学，曾注《医贯》。著有《吕晚村文集》《东庄吟稿》。 袁简斋：即袁枚（1716—1798），字子才，号简斋、随园老人，浙江钱塘（今杭州市）人。清诗人。曾任江宁等地知县，辞官后侨居江宁，筑园林于小仓山，号随园。工诗，又能文，所作书信颇具特色。有《小仓山房集》《随园诗话》和笔记小说《子不语》等。

[9] 墨卷（juàn）：科举制度中试卷名目之一。明清两代，乡试和会试场内试卷，应试者用墨笔缮写，称"墨卷"。为防考官认识字迹在阅卷中舞弊，将墨卷弥封糊名，付誊录人用朱笔誊写，然后送考官批阅，称

"朱卷"。《墨选观止》《颖墨精锐》:均为科举墨卷佳作选辑本。

[10] 场屋:又称"科场"。科举考试的地方。

[11] 四书题:即"四书文"。明清科举考试所用的文体。因多取《四书》语命题,故名。

谕曾纪泽(1865)

字谕纪泽:

十二日接尔初八日禀,具悉一切。福秀之病,全在脾亏,余前信已详言之。今闻晓岑先生峻补脾胃[1],似亦不甚相宜。凡五脏极亏者,皆不受峻补也。尔少时亦患脾亏,后用老米炒黄[2],熬成极酽之稀饭[3],服之半年,乃有转机,尔母当尚能记忆。金陵可觅得老米否?试为福秀一服此方。开生到已数日,元征信接到,兹有复信,并邵二世兄信,尔阅后封口交去。渠需银两,尔陆续支付可也。

《义山集》似曾批过[4],但所批无多(余于道光二十二、三、四、五、六等年,用胭脂圈批)[5]。唯余有丁刻《史记》(六套,在家否)、王刻《韩文》(在尔处)、程刻《韩诗》(最精本)、小本《杜诗》、康刻《古文辞类纂》(温叔带回,霞仙借去)、《震川集》(在季师处)、《山谷集》(在黄恕皆家)首尾完毕[6],余皆有始无终,故深以无恒为憾。近年在军中阅书,稍觉有恒,然已晚矣。故望尔等于少壮时即从"有恒"二字痛下工夫,然须有情韵趣味,养得生机盎然,乃可历久不衰;若拘苦疲困,则不能真有恒也。

同治四年七月十三日

注释

[1] 峻补：大补。

[2] 老米：陈米。

[3] 酽（yàn）：指味浓。

[4] 《义山集》：唐诗人李商隐诗集。全称《李义山诗集》。

[5] 胭脂：一种用于化妆和图画的红色颜料。亦泛指鲜艳的红色。

[6] 《韩文》：唐文学家韩愈的文集。《韩诗》：唐文学家韩愈的诗集。《震川集》：明散文家归有光文集。全称《震川先生集》，四十卷。《山谷集》：北宋文学家黄庭坚诗文集。有《内集》三十卷、《外集》十四卷、《别集》二十卷、《词》一卷、《简尺》二卷、《年谱》三卷。

谕曾纪泽、曾纪鸿（1865）

字谕纪泽、纪鸿：

郭宅姻事，吾意决不肯由轮船海道行走。嘉礼尽可安和中度[1]，何必冒大洋风涛之险？至成礼，或在广东或在湘阴[2]，须先将我家或全眷回湘，或泽儿夫妇送妹回湘，吾家主意定后，而后婚期之或迟或早可定，而后成礼之或湘或粤亦可定……全眷皆须回乡，四女何必先行？吾意九月间，尔兄弟送家属悉归湘乡[3]。经过省城时，如吉期在半月之内，或尔母亲至湘阴一送亦可。如吉期尚遥，则纪泽夫妇带四妹在长沙小住，届期再行送至湘阴成婚。

至成礼之地，余意总欲在湘阴为正办。筠仙姻丈去岁嫁女[4]，既可在湘阴由意城主持[5]，则今年娶妇，亦可在湘阴由意城主持。金陵至湘阴近三千里，粤东至湘阴近二千里，女家送三千，婿家迎二千，而成礼于累世桑梓之地[6]，岂不尽美尽善？尔以此意详复筠仙姻丈一函，令崔成贵等由海道回粤。余亦以此意详致一函，由排单寄去[7]，即以此信为定。喜期定用十二月初二日，全眷十月上旬自金陵启行，断不致误。如筠仙姻丈不愿在湘阴举行，仍执送粤之说[8]，则我家全眷暂回湘乡，明年再商吉期可也。

鸿儿之文，气势颇旺，下次再行详示。尔母须用茯苓，候至京之便购买。余以二十四日自临淮起行[9]，十日无雨，明日可到临徐州矣[10]。途次平安，勿念。

同治四年七月二十七日

注释

[1] 嘉礼：古代五礼（吉、凶、军、宾、嘉）之一。后世亦专指婚礼。　安和：平安，安好。

[2] 广东：明洪武初置广东行省，九年（1376年）改置广东承宣布政使司，治广东府。清因之，为广东省。简称粤。在我国南部，滨临南海。　湘阴：南朝宋元徽二年（474年）分益阳、罗、湘西三县地置湘阴县，园地处湘江之阴得名，故治在今县西北。明清属湖南长沙府。

[3] 湘乡：秦为湘南县地，汉封长沙王子湘昌为湘乡侯，至后汉因置湘乡县。元升为州，明仍为县。明清皆属长沙府。

[4] 筠仙：即郭嵩焘（1818—1891）。清末外交家。字伯琛，号筠仙，湖南湘阴人。道光进士。咸丰二年底（公元1853年初）随曾国藩办团练。后任广东巡抚、

福建按察使,擢兵部侍郎。旋任首任出使英国大臣,后兼驻法国大臣。主张学习西方科学技术。著有《养知书屋遗集》《史记札记》《礼记质疑》。 姻丈:对姻亲长辈的尊称。

[5] 意城:即郭昆焘。郭嵩焘之弟。

[6] 桑梓:《诗·小雅·小弁》中有"维桑与梓,必恭敬止"的诗句。朱熹集传:"桑、梓二木。古者五亩之宅,树之墙下,以遗子孙给蚕食、具器用者也……桑梓,父母所植。"东汉以来一直以"桑梓"借指故乡或乡亲父老。

[7] 排单:清代驿站传递公文填注的单据。此借指驿站。

[8] 执:固执,坚持。

[9] 临淮:金改钟离县置临淮县,属泗州,在今安徽省凤阳东。清废为乡,并入凤阳。

[10] 徐州:梁惠王三十年下邳迁于薛,改称徐州。汉以后各代皆置徐州,辖地多有变更,大致在今淮北一带,多以彭城(今江苏省徐州市)或下邳(今江苏省邳县)为治所。

谕曾纪泽 (1865)

字谕纪泽:

王船山先生《书经稗疏》三本、《春秋家序说》一部[1],本系刘韫斋先生在京城文渊阁钞出者[2],尔可速寄欧阳晓岑丈处[3],以便续行刊刻。刘松山前借去鄂刻地图七本[4],兹已取回。尚有二十六本在金陵,可寄至大营,配成全部。

《全唐文》太繁[5],而郭慕徐处有专集十余种,其中有《韩昌黎集》[6]，吾欲借来一阅，取其无注，便于温诵也。又《文献通考》（吾曾点过田赋、钱币、户口、职役、征榷、市籴、土贡、国用、刑制、舆地等门者）、《晋书》《新唐书》（要殿本，《晋书》兼取李芋仙送毛刻本）均取来[7]，以便翻阅。《后汉书》亦可带来（殿本）。冬春皮衣，均于此次舢板带来。此嘱。

同治四年八月十九日

注释

[1] 王船山：即王夫之（1619—1692）。明清之际思想家。字而农，号薑斋，衡阳（今属湖南省）人。明崇祯举人。明亡，在衡山举兵起义，阻止清军南下。后应南明桂王之招，授行人。桂林复陷，乃决心隐遁，杜门不仕，专心研究。晚年居衡阳石船山，学者称"船山先生"。通天文、历数、经、史、舆地之学，诗文亦自成家。生平所著甚多，后人编为《船山遗书》七十种，三百二十四卷。

[2] 文渊阁：清代专贮《四库全书》的藏书阁名。乾隆四十年（1775年）建，在北京旧紫禁城内。

[3] 丈：对长辈的尊称。

[4] 刘松山（1833—1870）：清末湘军将领。字寿卿，湖南湘乡人。乡勇出身。从曾国藩对太平军、捻军作战，升任提督。同治七年（公元1868年）随左宗棠镇压陕甘回民军，在金积堡败死。

[5] 《全唐文》：总集名。清嘉庆十九年（1814年）董诰等编。一千卷。体例仿《全唐诗》，共收唐五代作家三千余人，文一万八千四百余篇，并附有作者小传。

[6] 《韩昌黎集》：即《昌黎先生集》。唐韩愈作，门人李

汉编。共四十卷,其中文三十卷、诗赋十卷。又《外集》十卷,为宋人所辑。

[7] 《晋书》:唐房玄龄等撰。纪传体晋代史。共一百三十卷。修于唐贞观十八至二十年间(644—646年),修撰者凡二十一人。此外,唐太宗也写了宣帝、武帝两纪和陆机、王羲之两传后论,故旧本亦题"御撰"。该书词藻绮丽,多记异闻,对史料的鉴别取舍不甚注意。 《新唐书》:宋代欧阳修、宋祁等撰。纪传体唐代史。共二百二十五卷。宋嘉祐五年(1060年)成书。该书在史料上对《旧唐书》有所补充,但不如《旧唐书》多保存原始资料为有价值。 李芋仙:即李士棻,字芋仙,清代忠州人。道光拔贡,同治初知彭泽县,后移临川,政声卓著。光绪间卒。博学工诗。著有《天瘦阁诗草》《天补楼行记》。

谕曾纪泽、曾纪鸿(1865)

字谕纪泽、纪鸿:

家眷旋湘[1],应俟接筠仙丈复信乃可定局[2]。余意姻期果定十二月初二[3],则泽儿夫妇送妹先行,至湘阴办喜事毕,即回湘乡,另觅房屋。觅妥后,写信至金陵,鸿儿奉母并全眷回籍[4]。若婚期改至明年,则泽儿一人回湘觅屋,冢妇及四女皆随母明年起程[5]。

黄金堂之屋,尔母素不以为安,又有塘中溺人之事,自以另择一处为妥。余意不愿在长沙住,以风俗华靡[6],一家不能独俭。若另求僻静处所,亦殊难得。不如即在金陵,多住一年半载，亦无不可。

泽儿回湘，与两叔父商，在附近二三十里，觅一合式之屋[7]，或尚可得。星冈公昔年思在牛栏大丘起屋，即鲇鱼坝萧祠间壁也[8]，不知果可造屋，以终先志否？又油铺里系元吉公屋[9]，犁头嘴系辅臣公屋[10]，不知可买庄兑换或借住一二年否？富圫可移兑否？尔禀商两叔，必可设法办成。

尔母既定于明年起程，则松生夫妇及邵小姐之位置[11]，新年再议可也。近奉谕旨，饬余晋驻许州[12]。不去则屡违诏旨[13]，又失民望；遽往则局势不顺[14]，必无成功。焦灼之至，余不多及。

同治四年八月二十一日

注释

[1] 旋（xuán）：回还，归来。

[2] 丈：此指姻丈。

[3] 果：如果，假使。

[4] 回籍：回原籍。曾国藩原籍湖南省湘乡县。

[5] 冢（zhǒng）妇：嫡长子之妻。

[6] 以：因为。 华靡：华丽奢靡。

[7] 合式：合意，满意。

[8] 祠（cí）：祠堂。旧时祭祀祖宗或先贤的庙堂。

[9] 元吉公：曾国藩祖四世。

[10] 辅臣公：曾国藩高祖。

[11] 位置：安排。

[12] 饬（chì）：命令。 晋驻：进驻。 许州：北周大定元年（581年）改郑州置许州，治所在长社（今河南省许昌市）。辖境屡有变动。宋元丰中升为颖昌府；

金复为许州；清为直隶州；1913年废，改本州为许昌县。

[13] 诏（zhào）旨：诏书、圣旨。

[14] 遽：仓猝，匆忙。

谕曾纪泽（1865）

字谕纪泽：

尔十一日患病，十六日尚神倦头眩，不知近已全愈否？

吾于凡事皆守"尽其在我，听其在天"二语，即养生之道亦然。体强者，如富人因戒奢而益富[1]；体弱者，如贫人因节啬而自全[2]。节啬非独食色之性也，即读书用心，亦宜检约，不使太过[3]。余"八本篇"中[4]，言养生以少恼怒为本，又尝教尔胸中不宜太苦，须活泼泼地，养得一段生机，亦去恼怒之道也。

既戒恼怒，又知节啬，养生之道，已"尽其在我"者矣。此外，寿之长短，病之有无，一概"听其在天"，不必多生妄想去计较他。凡多服药饵[5]，求祷神祇[6]，皆妄想也。吾于医药、祷祀等事，皆记星冈公之遗训，而稍加推阐[7]，教示后辈，尔可常常与家中内外言之。尔今冬若回湘，不必来徐省问，徐去金陵太远也[8]。

近日贼犯山东[9]，余之调度[10]，概咨少荃宫保处[11]。澄沅两叔信，附去查阅，不须寄来矣。此嘱。

同治四年九月初一日

注释

[1] 戒奢：戒除奢侈的习气。

[2] 节啬（sè）：节省，节俭。 自全：保全自己。

[3] "节啬非独"四句："食色之性"，出自《孟子·告子上》，原文为"食色，性也。"这四句大意为，节俭并不是单单指人的食欲和性欲这两种天性，即使用心读书，也应检约，不要太过度了。

[4] 八本篇：指曾国藩教诲子弟所规定的"八条根本"。即："读古书以训诂为本，作诗文以声调为本，养亲以得欢心为本，养生以少恼怒为本，立身以不妄语为本，治家以不晏起为本，居官以不要钱为本，行军以不扰民为本。"详见本书所选咸丰十一年三月十三日《谕曾纪泽、曾纪鸿》。

[5] 药铒：药物。

[6] 神祇（qí）：泛指神灵。

[7] 推阐：阐发。

[8] 去：距离。

[9] 贼：曾国藩对捻军的蔑称。 山东：省名。位于黄河下游，因在太行山之东，故称山东。古为青兖二州兼徐州、豫州之境。唐为河南、河北道，宋属京东路，金改京东为山东，明置山东布政使司，清沿称山东省。

[10] 调（diào）度：安排，调遣。

[11] 少荃：即李鸿章。

谕曾纪泽、曾纪鸿（1865）

字谕纪泽、纪鸿：

二十六日接纪泽排递之禀[1]，纪鸿初六日舢板带来禀件、衣、书，今日派夫往接矣。泽儿肝气痛病亦全好否？尔不应有肝郁之症，或由元气不足，诸病易生，身体本弱，用心太过。上次函示以节啬之道，用心宜约，尔曾体验否？

张文端公（英）所著《聪训斋语》，皆教子之言。其中言养身、择友、观玩山水花竹，纯是一片太和生机[2]；尔宜常常省览[3]。鸿儿体亦单弱，亦宜常看此书。吾教尔兄弟不在多书，但以圣祖之《庭训格言》（家中尚有数本）、张公之《聪训斋语》（莫宅有之，申夫又刻于安庆）二种为教[4]，句句皆吾肺腑所欲言。

以后在家则莳养花竹[5]，出门则饱看山水，环金陵百里内外，可以遍游也。算学书切不可再看，读他书亦以半日为率[6]。未刻以后[7]，即以歇息游观。古人以惩忿窒欲为养生要诀[8]。惩忿，即吾前信所谓少恼怒也；窒欲，即吾前信所谓知节啬也。因好名好胜而用心太过[9]，亦欲之类也。药虽有利，害亦随之，不可轻服。切嘱。

同治四年九月初十日

注释

[1] 排递：此指清代的驿站。

[2] 太和：和煦，温馨。

[3] 省（xǐng）览：审阅，观览。

[4] 圣祖：即清圣祖爱新觉罗·玄烨（1654—1722）。清代皇帝，公元1661—1722年在位，年号康熙。在位期间，巩固中央集权，发展农业生产，维护多民族国家的统一，为促进清初的发展做出了重大贡献，是我国历史上一位有作为的君主。《庭训格言》：家训书。

全名为《圣祖仁皇帝庭训格言》。清圣祖爱新觉罗·玄烨御制,清雍正间刻印。张公:指《聪训斋语》的作者张英。

[5] 莳(shì)养:栽种养殖。

[6] 率(lǜ):标准,限度。

[7] 未刻:十二时辰之一。指下午一时至三时。

[8] 惩忿窒欲:出自《易经·损卦·象传》。惩,抑制;窒,遏止。其大意是,抑制焦躁的脾性,遏止世俗的物欲。

[9] 好(hào)名:追求虚名。 好(hào)胜:要强,喜欢胜过别人。

谕曾纪泽(1865)

字谕纪泽:

尔病已好,慰慰。贼于二十九日稍与马队接仗,其夜即窜萧县[1],初一二日窜又渐远,现尚不知果窜何处?各兵既力求宽限,以后即限九日,以八百里之程,每日仅走九十里,并非强人所难。

张文端公《聪训斋语》,兹付去二本,尔兄弟细心省览,不特于德业有益[2],实于养身有益。

余身体平安,惟精神日损[3],老景逐增,而责任甚重,殊为悚惧[4]。

同治四年十月初四日

注释

[1] 萧县：秦置县。在安徽省北端，东临江苏省，西接河南省。

[2] 不特：不仅，不但。 德业：德行与功业。

[3] 日损：一天不如一天，一天比一天差。

[4] 悚（sǒng）惧：恐惧，戒惧。

谕曾纪泽、曾纪鸿（1865）

字谕纪泽、纪鸿：

余近日身体平安。捻匪自窜河南后[1]，久无消息。十九日之摺，顷接寄谕[2]，业经照准。

明年寓中请师：顷桐城吴汝纶（挚甫）来此[3]，渠以本年连捷[4]，得内阁中书[5]，告假出京。余劝令不必遽尔进京当差[6]，明年可至余幕中专心读书，多作古文。因拟请其父吴元甲号育泉者至金陵教书[7]，为纪鸿及陈婿之师。育泉以廪生举孝廉方正[8]，其子汝纶，系一手所教成者也。挚甫闻此言，欣然乐从，归告其父，想必允许。惟澄、沅叔已答应将富坨让与我家居住，明岁将送全眷回湘，吴来金陵，恐非长久之局。挚甫由徐赴金陵[9]，余拟派差官送之，尔可与之面商一切。

鸿儿每十日宜写一禀，字宜略大，墨宜浓厚。此嘱。

同治四年十月二十四夜

注释

[1] 捻匪：曾国藩对捻军的蔑称。 河南：清置河南省，简称豫，在黄河下游。古豫州地，向有"中州"、"中原"之称。

[2] 顷（qǐng）：刚才。

[3] 顷（qǐng）：近来。　桐城：唐改同安县置桐城县。在安徽省中部偏南。　吴汝纶（1840—1903）：清末散文家。字挚甫，安徽桐城人。同治进士，官冀州知州。后充京师大学堂总教习，赴日本考察学制。曾师事曾国藩，为"曾门四弟子"之一。桐城派后期作家。有《桐城吴先生全书》。

[4] 连捷：科举考试连续中试。一般指乡试考中举人后，接着会试又考中进士。

[5] 内阁中书：官名。清代沿明制，于内阁置中书若干人，掌撰拟、记载、翻译、缮写。或由举人考授，或由特赐。若进士经朝考后以内阁中书任用者，并可充乡试主考差。官阶为从七品。

[6] 遽尔：急切，迅速。　当差（dāng chāi）：旧指在官府中做事。

[7] 吴元甲：字育泉，清桐城人。清末散文家吴汝纶之父。吴汝纶由其一手教成。

[8] 孝廉方正（zhèng）：清代特诏举行的制科之一。自雍正时起，新帝嗣立，诏直省府、州、县、卫各举"孝廉方正"，赐六品章服，备召用。乾隆以后，定荐举后送吏部考察，授以知县等官及教职。

[9] 徐：即徐州。

谕曾纪泽、曾纪鸿（1865）

字谕纪泽、纪鸿：

余明年正月即移驻周家口[1]，该处距汉口八百四十里，距长沙一千六百余里，距金陵亦一千三百余里，两边皆系陆路，通信于金陵与通信于长沙，其难一也[2]。泽儿来此省觐，送余移营起程后即回金陵，全眷仍以三月回湘为妥。吴育泉正月上学[3]，教满两月，如果师弟相得，或请之赴湖南，或令纪鸿、陈婿随吴师来余营读书亦无不可[4]。家中人少，不宜分作两处住也。

余日来核改水师章程，将次完竣[5]。惟提镇以下至千把[6]，每年各领养廉若干[7]，此间无书可查，泽儿可翻《会典》[8]，查出寄来。凡经制之现行者查典[9]，凡因革之有由者查事例。武职养廉，记始于乾隆四十七年补足名粮案内[10]。文职养廉，记始于雍正五年耗羡归公案内[11]。尔细查武养廉数目，即日先寄。又提督之官[12]，见《明史·职官志》都督院条内[13]，本与总督、巡抚等官皆系文职而带兵者[14]，不知何时改为武职？尔试翻寻《会典》，或询之凌晓岚、张啸山等，速行禀复。

同治四年十一月十八日

注释

[1] 周家口：亦称"周口。"镇名。在河南省商水县北，沙河、颍河与贾鲁河汇合境内。1949年置市。

[2] 其难一也：是说通信的困难程度是一样的。

[3] 吴育泉：即吴元甲。

[4] 吴师：指教师吴元甲。

[5] 将次：将要。

[6] 提镇：清代提督与总兵的合称。提，指提督；镇，总兵的合称。　千把：清代对武官千总、把总的并称。

[7] 养廉：即"养廉银"。清制，官吏于常俸之外，规定按职务等级每年另给银钱，称"养廉银"。

[8] 《会典》：记载一个朝代官署职掌制度的书籍。源出于《周官》（亦称《周礼》），唐人拟而作《唐六典》，名虽为六，实则包括从中央到地方所有官署的礼制。明清改称《会典》，仍以六部为纲。

[9] 经制：治国的制度。

[10] 乾隆：清高宗（爱新觉罗·弘历）年号。公元1736—1795年。

[11] 雍正：清世宗（爱新觉罗·胤禛）年号。公元1723—1735年。

[12] 提督：官名。明时有提督京营戎政诸职，多以勋戚大臣及太监充任。清时于重要省份设提督，职掌军政，统辖诸镇，为地方武职最高长官。亦用于武职以外官员。如明有提督会同馆主事、提督四夷馆少卿，清有提督学政、提督四夷馆等职。专用提督二字为官名者，则限于武职。

[13] 《明史·职官志》：《明史》"志"之一，主要记述文武官职及其沿革。《明史》，清张廷玉等撰。三百三十二卷，纪传体明代史。创修于清顺治二年（1645年），未成而罢，后经三次订正，于雍正十三年（1735年）定稿，乾隆四年（1739年）刊行。全书以材料丰富、体例严谨著称。　都察院：官署名。明洪武年间设置。监察弹劾官吏，参与审理重大案件。清因明制。

[14] 总督：官名。明初命京官总督军务，非常设之官，其后因事增设，遂成定员。清代沿置，为外省最高长官，位在巡抚之上，或管一省，或管数省，统辖所管区内军政。　巡抚：官名。明初以朝廷巡行地方，安抚军民，谓之巡抚。洪熙元年（1425年）始设巡抚专

职。至清则为省级地方政府长官，总揽全省军事、吏治、刑狱、民政等，职权甚重。

谕曾纪泽（1865）

字谕纪泽：

蒋大春赍到《会典》五册、《明史》一册[1]。国初提督尚文武兼用，厥后专用武职，不知始于何时？前明有挂印总兵[2]，以总兵而挂"平西将军""征南将军"等印，国朝总兵亦间存挂印之名，而实无真印，不知何年并挂印之名而去之？尔试问刘伯山能记之否？水师章程定于十二月出奏，如其查不出，亦不要紧，凡办事不必定讲考据也。

同治四年十一月二十九日

注释

[1] 赍（jī）：带来。

[2] 前明：清代人对明代的称呼。 挂印：指挂元帅印。 总兵：官名。明代遣将出征，别设总兵官、副总兵官以统领军务。其后总兵官镇守一方，渐成常驻武官，简称总兵。清因之，于各省置提督，提督下分设总兵官及副总兵官。总兵所辖者为镇，故亦称总镇。

谕曾纪鸿（1866）

字谕纪鸿：

尔学柳帖《琅琊碑》[1]，效其骨力则失其结构，有其开张则无其挽搏[2]。古帖本不易学,然尔学之尚不过旬日[3],焉能众美毕备,收效如此神速?

余昔日学颜柳帖[4],临摹动辄数百纸,犹且一无所似[5]。余四十以前在京所作之字,骨力间架皆无可观,余自愧而自恶之。四十八岁以后,习李北海《岳麓寺碑》[6],略有进境[7],然业历八年之久,临摹已过千纸。今尔用功未满一月,遂欲遽跻神妙耶[8]?

余于凡事皆用困知勉行工夫,尔不可求名太骤[9],求效太捷也。以后每日习柳字百个[10],单日以生纸临之[11],双日以油纸摹之。临帖宜徐[12],摹帖宜疾[13],专学其开张处。数月之后,手愈拙,字愈丑,意兴愈低[14],所谓"困"也。困时切莫间断,熬过此关,便可少进。再进再困,再熬再奋,自有亨通精进之日[15]。不特习字,凡事皆有极困极难之时,打得通的,便是好汉。

余所责尔之功课,并无多事,每日习字一百,阅《通鉴》五叶[16],诵熟书一千字(或经书,或古文、古诗,或八股、试帖。从前读书即为熟书,总以能背诵为止,总宜高声朗诵),三八日作一文一诗。此课极简,每日不过两个时辰[17],即可完毕,而看、读、写、作四者俱全,余则听尔自为主张可也。

尔母欲与全家住周家口,断不可行。周家口河道甚窄,与永丰相似,而余住周家口亦非长局,决计全眷回湘。纪泽俟全行复元,二月初回金陵,余于初九日起程也。此嘱。

同治五年正月十八日

注释

[1] 柳:指柳公权。

[2] 挽(wán)搏:此指字的间架的收合。

[3] 旬日:十天。亦指较短的时日。

[4] 颜:指颜真卿。

[5] 犹且:仍然。

[6] 李北海:即李邕。《岳麓寺碑》:即《麓山寺碑》。李邕撰并书,黄仙鹤刻。唐开元十八年(730年)立,在湖南长沙岳麓公园。行书,二十八行,满行五十六字。额阳文篆"麓山寺碑"四字。苏州博物馆藏有北宋拓本。

[7] 进境:进步的境地。

[8] "今尔用功"二句:意思是说,现在你用功还不到一个月,就想达到神妙的境界吗?

[9] 骤:急迫。

[10] 柳字:即柳体毛笔字,得名于唐代大书法家柳公权。

[11] 生纸:唐代有生纸、熟纸之分,生纸即未经加工精制的粗纸。

[12] 徐:缓慢。

[13] 疾:快速。

[14] 意兴:意味,兴趣。

[15] 亨通:通达,顺畅。

[16] 叶:书页。

[17] 时辰:旧时计时的单位。把一昼夜平分为十二段,每段为一个时辰,合现在的两个小时。

谕曾纪鸿(1866)

字谕纪鸿:

日内未接尔禀,想阖寓平安[1]。

余定以二月九日由徐州起程,至山东济兖、河南归陈等处[2],驻扎周家口,以为老营。纪泽定于初一日起程,花朝前后可抵金陵[3],三月初送全眷回湘。

尔出外二年有奇[4],诗文全无长进,明年乡试,不可不认真讲求八股、试帖。吾乡难寻明师[5],长沙书院亦多游戏征逐之习[6],吾不放心。尔至安庆后,可与方存之、吴挚甫同伴[7],由六安州坐船至周家口[8],随我大营读书。李申夫于八股、试帖最善讲说,据渠论及,不过半年,即可使听者欢欣鼓舞,机趣洋溢而不能自已[9]。尔到营后,弃去一切外事,即看《鉴》、临帖、算学等事皆当辍舍[10],专在八股、试帖上讲求。丁卯六月回籍乡试[11],得不得虽有命定,但求试卷不为人所讥笑,亦非一年苦功不可。

同治五年正月二十四日

注释

[1] 阖:全。

[2] 济兖:指济宁和兖州。济宁,元至元八年(1271年)升济州置府,十六年(1279年)改为路,明改为州,清为直隶州,1913年废。兖州,汉武帝所置十三刺史部之一。其后屡有变迁。辖境逐渐缩小。隋改置县,明初改为府,治所在滋阳(今山东省兖州),清辖境缩小,1913年废。 归陈:指归德、陈州。归德,金天会八年(1130年)改应天府置归德府,治所在宋城(今河南省商丘县南),明初降为州,嘉靖中仍为府,清辖境缩小,1913年废。陈州,北周武帝改信州置陈州,宋宣和初升为淮宁府,金复为陈州,清雍正时升为陈州府,1913年废。

[3] 花朝(zhāo):指"花朝节"。旧俗以农历二月十五

日为"百花生日",故称此日为"花朝节"。

[4] 二年有奇(jī):奇,零数,余数。二年有奇,二年有余,二年多时间。

[5] 明师:贤明的老师。

[6] 征逐:交往过从。特指不务正业,唯在吃、喝、玩、乐上的往来。

[7] 方存之:即方宗诚,字存之,清安徽桐城人。治宋学,工古文辞。同治年间,李鸿章总督直隶,荐授枣强知县,治狱有声望。不久隐居著述。从游甚众,督学贵恒重其学行,奏加五品卿衔。学者称"柏堂先生"。著有《柏堂全集》。 吴挚甫:即吴汝纶。

[8] 六安州:宋改盛唐县为六安县,明、清为六安州,1912年复为县。在安徽省西部。

[9] 机趣:天趣。

[10] 《鉴》:即《资治通鉴》。

[11] 丁卯:即公元1867年。

谕曾纪鸿(1866)

字谕纪鸿:

　　凡作字总要写得秀。学颜、柳[1],学其秀而能雄;学赵、董[2],恐秀而失之弱耳。尔并非下等姿质[3],特从前无善讲善诱之师[4],近来又颇有好高好速之弊。若求长进,须勿忘而兼以勿助[5],乃不致走入荆棘耳[6]。

同治五年二月十八日兖州行次

注释

[1] 颜、柳：指颜真卿、柳公权。

[2] 赵：指赵孟頫。 董：指董其昌（1555—1636）。明书画家。字玄宰，号思白、香光居士，华亭（今上海市松江）人。官南京礼部尚书。谥"文敏"。书法博学多家。于率易中得透色，对后来书法影响很大。擅画山水。画风画论对晚明以后的画坛影响深远。有《容台集》《容台别集》《画禅室随笔》《画旨》《画眼》等。

[3] 姿质：天资，天赋。

[4] 特：只是。

[5] 勿助（chú）：助，通"锄"，除去。勿助，不要停止。

[6] 荆棘：本喻纷乱。此指迷途。

谕曾纪泽、曾纪鸿（1866）

字谕纪泽、纪鸿：

接纪泽在清江浦、金陵所发之信[1]，舟行甚速，病亦大愈，为慰。

老年来始知圣人教孟武伯问孝一节之真切[2]。尔虽体弱多病，然只宜清静调养，不宜妄施攻治[3]。庄生云[4]："闻在宥天下。不闻治天下也[5]。"东坡取此二语，以为养生之法。尔熟于小学，试取"在宥"二字之训诂体味一番，则知庄、苏皆有顺其自然之意[6]，养生亦然，治天下亦然。若服药而日更数方，无故而终年峻补[7]，疾轻而妄施攻伐强求发汗[8]，则如商君治秦、荆公治宋[9]，全失自然之妙。柳子厚所谓"名为爱之，其实害之"[10]，陆务观所谓"天下本无事，庸人自扰之"[11]，皆此义也。东坡《游罗浮诗》云[12]："小儿少年有奇志，中宵起坐存黄庭[13]。"下一"存"字，正合庄子"在宥"二字之意。盖苏氏兄弟、父子皆讲养生[14]，窃取黄老微旨[15]，故称其子为有奇志。以尔之聪明，岂不能窥透此旨？余教尔从眠食二端用功[16]，看似粗浅，却得自然之妙。尔以后不轻服药，自然日就壮健矣。……

尔侍母西行，宜作还乡之计，不宜留连鄂中。仕宦之家，往往贪恋外省，轻弃其乡，目前之快意甚少，将来之受累甚大，吾家宜力矫此弊[17]。

同治五年二月二十五日

注释

[1] 清江浦：在江苏省北部、大运河沿岸。原属淮阴县，自古为淮、扬、徐、海间重镇。

[2] 圣人：指孔子。 孟武伯问孝：据《论语·为政》载，"孟武伯问孝，子曰：'父母唯其疾之忧。'"其大意是，孟武伯问什么是孝，孔子说："父母只为孩子的疾病担忧。"文中孟武伯即孟懿子的儿子，名彘（zhì），谥号"武"。

[3] 攻治：治疗。

[4] 庄生：即庄子。

[5] "闻在宥"二句：出自《庄子·在宥》。在，任其自然；宥（yòu），宽容。这两句意思是，只听说任天下顺其自然地发展，没听说治理天下的。此处借以谈养生。

[6] 庄、苏：指庄子、苏轼。

[7] 终年峻补：一年到头不断地进食大补的药物和食品。

[8] 攻伐：本指药性猛烈。此指药性猛烈的药物。

[9] 商君：即商鞅（约前390—前338）。战国时政治家。卫国人。姓公孙，名鞅，亦称卫鞅，因封于商，又称商鞅、商君。初仕魏，后入秦，辅助秦孝公两次实行变法，奠定了秦国富强的基础。孝公死后，商鞅遭诬陷，车裂而死。　秦：指秦国。　荆公：即王安石（1021—1086）。北宋政治家、思想家、文学家。字介甫，晚号半山，抚州临川（今属江西省）人。庆历进士。神宗熙宁三年（1070年）拜相，积极推行变法，因保守派反对，新法推行迭遭阻碍。后退居江宁（今南京市），封荆国公，世称"荆公"。卒谥"文"。为"唐宋八大家"之一。今存《王临川集》等。　宋：指北宋。

[10] 柳子厚：即柳宗元。

[11] 陆务观：即陆游。

[12] 东坡：即苏轼。　《游罗浮诗》：即苏轼所写《游罗浮山一首示儿子过》一诗。

[13] 黄庭：道家以人的脑中、心中、脾中或自然界的天中、人中、地中为黄庭。这里指人的意念。

[14] 苏氏兄弟、父子：苏氏兄弟，指苏轼、苏辙；苏氏父子，这里指苏轼及其儿子苏过。

[15] 黄老：指黄老学派。战国、汉初道家学派。以传说中的黄帝同老子相配，并同尊为道家创始人，故名。　微旨：微，幽深，隐晦。微旨，精深微妙的意旨。

[16] 眠食：指睡眠和饮食。

[17] 矫：纠正。

谕曾纪泽（1866）

字谕纪泽：

全眷起行已定十七、二十六两日，当可从容料理。得沅叔二月十三日信，定于三月初间赴鄂履任[1]。尔等到鄂，当可少为停留。

贼在山东，余须留于济宁就近调度。不能遽至周家口。纪鸿儿过安庆时，不可轻赴周口，且随母至湖北，再行定计。尔过安庆，往拜吴挚甫之父穜泉翁[2]，观其言论风范，果能大有益于鸿儿否？如其蔼然可亲，尔兄弟即定计请之[3]，同船赴鄂，即在沅叔署中读书[4]。若余抵周家口，距汉口八百四十里，纪鸿省觐尚不甚难。尔则奉母还乡，不必在鄂久住。

金陵署内，木器之稍佳者，不必带去。余拟寄银三百，请澄叔在湘乡、湘潭置些木器，送于富圫，但求结实，不求华贵。衙门木器等物，除送人少许外，余概交与房主姚姓、张姓，稍留去后之思。

同治五年三月初五日

注释

[1] 鄂：湖北省的简称。 履任：到任，就任。其间曾国荃（沅甫）调任湖北巡抚。
[2] 穜泉：即吴汝纶之父吴元甲，字（号）穜泉。
[3] 定计：确定主意。
[4] 署：公署，官署。

谕曾纪泽、曾纪鸿（1866）

字谕纪泽、纪鸿：

雪琴之坐船已送到否？三月十七果成行否？沿途州县有送迎者，除不受礼物酒席外，尔兄弟遇之，须有一种谦谨气象，勿恃其清介而生傲惰也[1]。余近年默省之"勤、俭、刚、明、忠、恕、谦、浑"八德，曾为泽儿言之，宜转告与鸿儿。就中能体会一二字，便有日进之象。泽儿天质聪颖[2]，但嫌过于玲珑剔透，宜从浑字上用些工夫；鸿儿则从勤字上用些工夫。用工不可拘苦[3]，须探讨些趣味出来。

余身体平安，告尔母放心。此嘱。

　　　　　　　　　　同治五年三月十四夜济宁州

注释

[1] 恃（shì）：依赖，凭借。　清介：清正耿直。　傲惰：同"惰傲"。怠慢。
[2] 天质：天然资质，天性。
[3] 拘苦：约束刻苦。即拘泥于苦费力气。

谕曾纪泽、曾纪鸿（1866）

字谕纪泽、纪鸿：

接尔二人在裕溪口、在安庆、在九江所发信[1]，知沿途清吉[2]，为慰。此时想已安抵湖北，沅叔恩明谊美，必留全眷在湖北过夏。余意业已回籍，即以一直到家为妥。

富坨房屋如未修完，即在大夫第借住，纪鸿即留鄂署读书。

世家子弟既为秀才，断无不应科场之理。既入科场，恐诗文为同人所笑，断不可不切实用功。科六与黄宅生先生若来湖北，纪鸿宜从之讲求八股。湖北有胡东谷，是一时文好手，此外尚有能手否？尔可禀商沅叔，择一善讲者而师事之。

余尚不能遽赴周家口，申夫亦不能遽赴鄂中。道远而逼近贼氛，鸿儿不可冒昧来营，即在武昌沅叔左右苦心作诗文经策[3]。

同治五年四月二十五日济宁

注释

[1] 裕溪口：地名。在安徽省芜湖市境内、长江与运漕河汇合处。 九江：明朱元璋改江州路置府，治所在德化（今江西省九江市），辖境相当今江西省九江市和德安、湖口、瑞昌、彭泽等县。1912年废。

[2] 清吉：太平吉祥。

[3] 武昌：元改鄂州路为武昌路；明改置武昌府。元、明为湖广省治所；清为湖广总督及湖北省治所。

谕曾纪泽、曾纪鸿（1866）

字谕纪泽、纪鸿：

接尔两人禀，知尔九叔母率全眷抵鄂，极骨肉团聚之乐。宦途亲眷本难相逢[1]，乱世尤难，留鄂过暑，自是至情[2]。

鸿儿与瑞侄一同读书，请黄宅生先生看文，恰与吾前信之意相合。屡闻近日精于举业者[3]，言及陕西路润生先生（德）《仁在堂稿》及所选"仁在堂"试帖、律赋、课艺[4]，无一不当行出色[5]，宜古宜今。余未见此书，仅见其所著《柽花馆试帖》，久为佩仰。陕西近三十年科第中人，无一不出润生先生之门，湖北官员中想亦有之。纪鸿与瑞侄等须买《仁在堂全稿》《枉华馆试帖》悉心揣摩，如武汉无可购买，或摺差由京买回亦可。

鸿儿信中拟专读唐人诗文。唐诗固宜专读，唐文除韩、柳、李、孙外[6]，几无一不四六者[7]，亦可不必多读。明年鸿、瑞两人宜专攻八股、试帖，选"仁在堂"中佳者，读必手钞，熟必背诵。尔信中言须能背诵乃读他篇，苟能践言[8]，实良法也。读《枉华馆试帖》，亦以背诵为要。对策不可太空[9]，鸿、瑞二人可将《文献通考·序》二十五篇读熟，限五十日读毕，终身受用不尽。既在鄂读书，不必来营省觐矣。

同治五年五月十一夜

注释

[1] 宦途：做官的道路，官场。

[2] 至情：最真实的思想感情，真情。

[3] 举业：为应科举考试而准备的学业。明清时专指八股文。

[4] 陕西：省名。在黄河中游。春秋、战国时为秦地。宋初置陕西路，以在陕原以西而命名，陕西之名始于此。元置陕西行中书省，明改陕西布政使司，自清以来称陕西省。简称陕或秦。　路润生：即路德，字润生，清盩厔人。嘉庆进士。官户部郎中。因眼睛生翳告归，主持关中各书院。有《柽花馆集》。　课艺：研读制艺（八股文）。

[5] 当行（dāng háng）出色：做本行的事成绩特别显著。

[6] 韩：指韩愈。　柳：指柳宗元。　李：指李翱（772—841），字习之，陇西成纪（今甘肃省秦安东）人。唐散文家、哲学家。官至山南东道节度使。谥"文"。曾从韩愈学古文，是古文运动的参加者。所作

《来南录》,为传世很早的日记体文章。有《李文公集》。 孙:指孙樵,字可之(一作隐之),关东人。唐散文家。大中进士,授中书舍人。黄巢起义军入长安,随僖宗奔岐陇,迁职方郎中。长于古文,刻意求奇。著有《孙可之集》。

[7] 四六:文体名。骈文的一种。因以四字、六字为对偶,故名。骈文以四六对偶者,形成于南朝,盛行于唐宋。唐以来,格式完全定型,遂称"四六",又称"四六文"或"四六体"。

[8] 苟:假如,如果。 践言:履行诺言。

[9] 对策:亦作"对册"。古代就政事、经义等设问,由应试者对答,称为对策。自汉朝起,对策作为取士考试的一种形式,一直延续下去。

谕曾纪泽、曾纪鸿(1866)

字谕纪泽、纪鸿:

沅叔足疼全愈,深可喜慰,惟外毒遘瘝[1],不知不生内疾否?唐文李、孙二家,系指李翱、孙樵。"八家"始于唐荆川之《文编》[2],至茅鹿门而其名大定[3]。至储欣同人而添孙、李二家[4],御选《唐宋文醇》亦从储而增为十家[5]。以全唐皆尚骈俪之文,故韩、柳、李、孙四人之不骈者为可贵耳[6]。

湘乡修县志,举尔纂修。尔学未成就,文甚迟钝,自不宜承认。然亦不可全辞,一则通县公事,吾家为物望所归[7],不得不竭力赞助;二则尔惮于作文[8],正可借此逼出几篇。天下事无所为而成者极少,有所贪有所利而成者居其半,有所激有所逼而成者居其半。尔"篆韵"钞毕,宜从古文上用功。余不能文,而微有文名，深以为耻。尔文更浅而亦获虚名，尤不可也。或请本县及外县之高手为撰修，而尔为协修。

吾友有山阳鲁一同通甫[9]，所撰《邳州志》《清河县志》，即为近日志书之最善者。此外再取有名之志为式[10]，议定体例，俟余核过，乃可动手。

同治五年六月十六日

注释

[1] 瘳（chōu）：病愈。

[2] 八家：指"唐宋八大家"。唐、宋两代八个散文作家，即唐代的韩愈、柳宗元和宋代的欧阳修、苏洵、苏轼、苏辙、王安石、曾巩。明初朱右选韩、柳等人文为《八先生文集》，八家之名，实始于此。明中叶唐顺之纂《文编》，唐宋文亦仅取八家。稍后茅坤本朱、唐之说，选辑《唐宋八大家文钞》，"唐宋八大家"之名遂亦流行。 唐荆川：即明代散文家唐顺之（1507—1560），字应德，武进（今属江苏省）人。人称"荆川先生"。嘉靖八年（1529年）会试第一。曾督领兵船在崇明抵御倭寇，以功升右佥都御史、代凤阳巡抚。晚年讲学。著有《荆川先生文集》。

[3] 茅鹿门：即明代散文家茅坤（1512—1601），字顺甫，号鹿门，浙江归安（今吴兴）人。嘉靖进士。官至大名兵备副使。提倡学习唐宋古文，编选《唐宋八大家文钞》行于世。有《茅鹿门集》。

[4] 储欣（1631—1706）：字同人，宜兴（今属江苏省）人。清初散文家。论文推崇唐宋。采取唐顺之、茅坤所倡"唐宋八大家"之说，并增李翱、孙樵两人，称"唐宋十大家"。有《在陆草堂集》，又选有《唐宋十

[5] 《唐宋文醇》：总集名。清乾隆三年"御定"。五十八卷。该书以清初散文家储欣所编《唐宋十大家全集录》为蓝本，重加改订而成。　储：指储欣。

[6] 韩、柳、李、孙：指韩愈、柳宗元、李翱、孙樵。

[7] 物望：人望，众望。

[8] 惮（dàn）：畏难，畏惧。

[9] 山阳：晋置县，在今江苏省淮安。为山阳郡治，隋至宋为楚州治，元、明、清为淮安路、淮安府治。1914年改名淮安。　鲁一同：字通甫（也作"通父"），一字兰岑，清江苏山阳（今淮安）人。道光举人。性疏奇，好言经世。有《通甫类稿》。　通甫：即鲁一同，字通甫。

[10] 式：示范。

谕曾纪泽、曾纪鸿（1866）

字谕纪泽、纪鸿：

十六日在济宁开船，念四日至宿迁[1]。小舟酷热，昼不干汗，夜不成寐，较之去年赴临淮时困苦倍之。

吾家门第鼎盛，而居家规模礼节未能认真讲求[2]。历观古来世家久长者，男子须讲求耕读二事，妇女须讲求纺绩酒食二事。《斯干》之诗[3]，言帝王居室之事，而女子重在酒食是议。《家人》卦以二爻为主[4]，重在中馈[5]。《内则》一篇[6]，言酒食者居半。故吾屡教儿妇诸女亲主中馈，后辈视之若不要紧[7]。此后还乡居家，妇女纵不能精于烹调，必须常至厨房，必须讲求作酒作醯醢小菜之类[8]。尔等亦须留心于莳菜养鱼，此一家兴旺气象,断不可忽。纺绩虽不能多,亦不可间断。大房唱之[9],四房皆和之[10],家风自厚矣。至嘱,至嘱。

同治五年六月二十六日宿迁

注释

[1] 念:二十的俗称。 宿迁:唐改宿预县置宿迁县。在江苏省北部,大运河和废黄河贯穿境内。

[2] 居家:指在家的日常生活。

[3] 《斯干》:《诗经·小雅》中的篇名。

[4] 《家人》:《周易》中的卦名。卦(guà):《周易》中象征自然现象和人事变化的一套符号。以阳爻(—)、阴爻(- -)相配而合成。每卦三爻,三个爻组成的卦共八个,通称八卦。 二爻:第二爻。"爻"是构成《易》卦的基本符号。每三爻合成一卦,可得八卦。两卦(六爻)相重可得六十四卦。卦的变化取决于爻的变化,故爻表示交错和变动的意义。

[5] 中馈:指妇女在家主持饮食等事。

[6] 《内则》:《礼记》中的篇名。

[7] 若:似乎,好像。

[8] 醯醢(xī hǎi):醯,醋;醢,肉酱。醯醢,用鱼肉等制成的酱。因调制肉酱必须用盐、醋等作料,故称。

[9] 大房:即"长(zhǎng)房"。家族中长子的一支。唱:倡导,发起。

[10] 和(hè):附和,响应。

谕曾纪泽、曾纪鸿（1866）

字谕纪泽、纪鸿：

在临淮住六七日，拟由怀远入涡河[1]，经蒙、亳以达周口[2]，中秋后必可赶到，届时沅叔若至德安[3]，当设法至汝宁、正阳等处一会[4]。

余近来衰态日增，眼光益蒙，然每日诸事有恒，未改常度。

尔等身体皆弱，前所示养生五诀，已行之否？泽儿当添不轻服药一层，共六诀矣。既知保养，却宜勤劳。家之兴衰，人之穷通[5]，皆于勤惰卜之[6]。泽儿习勤有恒，则诸弟七八人皆学样矣。

鸿儿来禀太少，以后半月写禀一次。泽儿禀亦嫌太短，以后可泛论时事，或论学业也。此谕。

同治五年七月二十一日

注释

[1] 怀远：元改怀远军置怀远县，在安徽省北部、淮河沿岸，涡河流贯。　涡河：淮河支流。在安徽省西北部。源出河南省开封县西，东南流到安徽省亳州市纳惠济河，在淮远县入淮河。

[2] 蒙：指蒙城。唐改山桑县置蒙城县，在安徽省西北部，涡河斜贯。　亳（bó）：指亳州。北周改南兖州置亳州，治所在谯县（今亳州市）。1912年改为县。

[3] 德安：北宋宣和元年（1119年）升安州置府，治所在安陆（今湖北省安陆县）。1912年废。

[4] 汝宁：元至元三十年（1293年）升蔡州置府，治所在汝阳（今河南省汝南）。1913年废。　正阳：清改真

阳县置正阳县。在河南省东南部、淮河上游北岸。
[5] 穷通：困厄与显达。
[6] 卜：给予，赐予。

谕曾纪泽、曾纪鸿（1866）

字谕纪泽、纪鸿：

接纪泽两禀，并纪鸿及瑞侄禀信、八股，两人气象俱光昌，有发达之概，惟思路未开。作文以思路宏开为必发之品，意义层出不穷，宏开之谓也。

余此次行役[1]，始为酷热所困，中为风波所惊，肇为疾病所苦。此间赴周家口尚有五百余里，或可平安耳。

尔拟于《明史》看毕，重看《通鉴》，即可便看王船山之《读通鉴论》[2]，尔或间作史论，或作咏史诗。惟有所作，则心自易入，史亦易熟，否则难记也。

早间所食之盐姜已完，近日设法寄至周家口。吾家妇女须讲究作小菜，如腐乳、酱油、酱菜、好醋、倒笋之类。常常做些，寄与我吃。《内则》言事父母舅姑[3]，以此为重。若外间买者，则不寄可也。

同治五年八月初三日

注释

[1] 行（xíng）役：因公务而外出跋涉。
[2] 王船山：即王夫之。《读通鉴论》：明清之际思想家王夫之撰。三十卷。本书根据《资治通鉴》所载史事，阐释历代法制沿革，评论政治利弊得失，强调应推行宽简之政。对后之思想界颇有影响。

[3] 舅姑：丈夫的父母，即公婆。亦称妻的父母，即岳父母。此指前者。

谕曾纪泽、曾纪鸿（1866）

字谕纪泽、纪鸿：

接泽儿八月十八日禀，具悉择期九月二十日还乡。十月二十四日四女喜事，诸务想办妥矣。凡衣服首饰百物，只可照大女、二女、三女之例，不可再加。

纪鸿于二十日送母之后，即可束装来营，自坐一轿，行李用小车，从人或车或马皆可，请沅叔派人送至罗山[1]，余派人迎至罗山。……

余病虽已愈，而难于用心，拟于十二日续假一月，十月奏请开缺[2]。但须沅弟无非常之举，吾乃可徐行吾志耳；否则别有波折，又须虚与委蛇也[3]。此谕。

同治五年九月初九日

注释

[1] 罗山：隋改宝城县置罗山县。在河南省东南部、淮河上游，邻接湖北省。

[2] 开缺：旧时官吏因故不能留任，免除其职务，准备另外选人充任。

[3] 虚与委蛇（wēi yí）：语出《庄子·应帝王》。原文为，"壶子曰：'乡吾示之以未始出吾宗，吾与之虚而委蛇。'"后因谓假意殷勤、敷衍应酬为"虚与委蛇"。此指加意婉转处理辞官之事。

谕曾纪泽、曾纪鸿（1866）

字谕纪泽、纪鸿：

余病大致已好，惟不甚能用心。自度难任艰巨[1]，已于十三日具片续假一月，将来请开各缺。纵不能离营调养，但求事权稍小，责任稍轻，即为至幸。欲求平捻功成从容引退，殆恐不能[2]，即求免于谤议[3]，亦不能也。

捻匪窜过沙河、贾鲁河之北[4]，不知已入鄂境否？若鸿儿尚未回湘，目下亦不必来周口，恐中途适与贼遇。

盐姜颇好，所作椿麸子、酝菜亦好。家中外须讲求莳蔬，内须讲求晒小菜。此足验人家之兴衰，不可忽也。此谕。

同治五年九月十七日

注释

[1] 难任：难当。
[2] 殆：大概。
[3] 谤议：非议。
[4] 沙河：颍河支流。在河南省中部。源出河南省鲁山县西尧山，东流到襄城县东南汇北汝河，到商水县入颍河。 贾鲁河：颍河支流。源出河南省密县北，绕经郑州市东南至商水县入颍河。

谕曾纪泽（1866）

字谕纪泽：

尔读李义山诗[1]，于情韵既有所得[2]，则将来于六朝文人诗文[3]，亦必易于契合。

凡大家名家之作，必有一种面貌，一种神态，与他人迥不相同。譬之书家[4]，羲、献、欧、虞、褚、李、颜、柳[5]，一点一画，其面貌既截然不同，其神气亦全无似处。本朝张得天、何义门虽称书家[6]，而未能尽变古人之貌，故必如刘石庵之貌异神异[7]，乃可推为大家。诗文亦然，若非其貌其神迥绝群伦[8]。不足以当大家之目。渠既迥绝群矣，而后人读之，不能辨识其貌，领取其神，是读者之见解未到，非作者之咎也[9]。

尔以后读古人古诗，惟当先认其貌，后观其神，久之自能分别蹊径。今之动指某人学某家，大抵多道听途说，扣槃扪烛之类[10]，不足信也。君子贵于自知，不必随口附和也。

同治五年十月十一日

注释

[1] 李义山：即唐诗人李商隐（约813—约858），字义山，号玉谿生，怀州河内（今河南省沁阳）人。开成进士，曾任东川节度使判官等职。后被人排挤潦倒终身。擅律诗、绝句。有《李义山诗集》。后人辑有《樊南文集》。

[2] 情韵：神韵，精神韵致。

[3] 六朝：三国的吴，东晋，南朝的宋、齐、梁、陈，都以建康或建业（今南京市）为首都，历史上合称"六朝"，是三世纪初到六世纪末前后三百余年这一历史时期的泛称。

[4] 书家：指书法家。

[5] 羲、献、欧、虞、褚、李、颜、柳：指王羲之、王献之、欧阳询、虞世南、褚遂良、李邕、颜真卿、柳公权。

[6] 张得天：即清书法家、戏曲作家张照（1691—1745），初名默，字得天、长卿，号泾南、天瓶居士，华亭（今上海市松江）人。康熙进士，官至刑部尚书、抚定苗疆大臣。著有《劝善金科》《九九大庆》等多部宫廷戏。　何义门：即清校勘家何焯（1661—1722），初字润千，更字屺瞻，号茶仙，清长洲（今江苏省吴县）人。学者称"义门先生"。康熙时召直南书房，赐翰林。著有《义门读书记》。

[7] 刘石庵：即清书法家刘墉（1719—1804），号石庵，山东省诸城人。官至东阁大学士。工书，尤长小楷。其书用墨厚重，貌丰骨劲，别具面目。

[8] 若非：如果不是，要不是。　迥绝：远远超过。　群伦：同类或同等的人们。

[9] 咎（jiù）：过失。

[10] 扣槃扪（mén）烛：据苏轼《日喻》载："生而眇者不识日，问之有目者。或告之曰：'日之状如铜盘。'扣盘而得其声。他日闻钟，以为日也。或告之曰：'日之光如烛。'扪烛而得其形。他日揣籥，以为日也。日之与钟籥亦远矣，而眇者不知其异，以其未尝见而求之人也。"后因以"扣槃扪烛"喻不经实践，认识片面，难以得到真知。

谕曾纪泽（1866）

字谕纪泽：

余于十三日具疏请开各缺[1]，并附片请注销爵秩[2]。二十五日接奉批旨,再赏假一月,调理就痊[3],进京陛见一次[4],余拟于正月初旬起程进京。

余近无他苦,惟腰疼畏寒,夜不成寐。群疑众谤之际,此心不无介介[5]。然回思迩年行事无甚差谬[6],自反而缩[7],不似丁冬戊春之多悔多愁也[8]。到京后,仍当具疏请开各缺,惟以散员留营维系军心[9],担荷稍轻[10]。尔兄弟轮流侍奉,军务松时,请假回籍省墓一次[11],亦足以娱暮景[12]。纪鸿在此体气甚好,心思亦似开朗,惜不能久待,当令其回家事母耳。

同治五年十月二十六日

注释

[1] 具疏:备文分条陈述。

[2] 爵秩:亦作"爵袟"。犹"爵禄"。指爵位和俸禄。

[3] 就痊:指病愈。

[4] 陛(bì)见:臣下谒见皇帝。

[5] 介介:形容有心事。

[6] 迩(ěr)年:近年。 差谬:错误,差错。

[7] 自反而缩:此指自躬自问心情反而放松下来。

[8] 丁冬戊春:此指丁巳年(1857年)冬至戊午年(1858年)春那一段时间。其间曾国藩因病回家休养。

[9] 散员:无固定职事的官员。

[10] 担荷:承受的压力或担负的责任。

[11] 省(xǐng)墓:祭扫坟墓。

[12] 娱:使欢乐。此指得到宽慰。 暮景:比喻垂老之年。

谕曾纪泽（1866）

字谕纪泽：

余定于正初北上[1]，顷已附片复奏，届时鸿儿随行。二月回豫[2]，鸿儿三月可还湘也。余决计此后不复作官，亦不作回籍安逸之想，但在营中照料杂事，维系军心。不居大位享大名，或可免于大祸大谤；若小小凶咎[3]，则亦听之而已。

余近日身体颇健，鸿儿亦发胖。家中兴衰，全系乎内政之整散。尔母率二妇诸女，于酒食纺绩二事，断不可不常常勤习。目下官虽无恙[4]，须时时作罢官衰替之想[5]。至嘱至嘱。

同治五年十一月初三日

注释

[1] 正（zhēng）初：农历正月初。 北上：往北走上京城（北京）。因当时曾国藩正在南方（江苏、安徽、河南、山东一带）镇压捻军起义，所以去京城称北上。

[2] 豫：河南。

[3] 凶：指灾难。

[4] 无恙（yàng）：没有忧患。

[5] 衰替：衰落更替。

谕曾纪泽（1866）

字谕纪泽：

余自奉回两江本任之命[1]，两次具疏坚辞，皆未俞允[2]，训词肫挚[3]，只得遵旨暂回徐州接受关防[4]，令少泉得以迅赴前敌[5]，以慰宸廑[6]。余自揣精力日衰，不能多阅文牍，而意中所欲看之书又不肯全行割弃，是以决计不为疆吏[7]，不居要任。两三月内，必再专疏恳辞。

余近作书箱，大小如何廉访八箱之式。前后用横板三块，如吾乡仓门板之式。四方上下皆有方木为匡[8]，顶底及两头用板装之。出门则以绳络之而可挑，在家则以架乘之而可累两箱、三箱、四箱不等。开前仓板则可作柜，开后仓板则可过风。当作一小者寄回，以为式样。吾县木作最好而贱，尔可照样作数十箱，每箱不过费钱数百文。读书乃寒士本业，切不可有官家风味。吾于书箱及文房器具，但求为寒士所能备者，不求珍异也。家中新居富坨，一切须存此意，莫作代代做官之想，须作代代做士民之想。门外但挂"宫太保第"一匾而已。

同治五年十二月二十三日

注释

[1] 两江：清代江南、江西两省的合称。地辖江苏、安徽、江西三省。　本任：原任的官职。曾国藩曾于咸丰十年（1860年）任两江总督，同治五年（1866年）十一月初六日接奉上谕，又回两江总督本任。

[2] 俞允：据《书·尧典》载："帝曰：'俞。'"俞，应诺之词。后即称允诺为"俞允"。多用于君主。

[3] 肫（zhūn）挚：真挚诚恳。

[4] 关防：防守，警备。

[5] 前敌：前线。

[6] 宸廑（chén qín）：帝王的殷切关注。

[7] 疆吏：此指担负镇守一方重责的高级地方官吏。清代

称总督、巡抚为封疆大吏,省称疆吏或疆臣。

[8] 匡:"框"的古字。

谕曾纪泽(1867)

字谕纪泽:

纪鸿病状,请一医来诊,鸿儿乃天花痘也[1]。余深用忧骇。以痘太密厚,年太长大,而所服之药,无一不误,阖署惶恐失措。幸托痘神佑助,此三日内转危为安。兹将日记由鄂转寄家中,稍为一慰。再过三日灌浆[2],续行寄信回湘也。

尔七律十五首圆适深稳,步趋义山[3],而劲气倔强,颇为山谷[4]。尔于情韵、趣味二者,皆由天分中得之。凡诗文趣味约有二种:一曰诙诡之趣[5];一曰闲适之趣。诙诡之趣,惟庄、柳之文[6],苏、黄之诗[7],韩公诗文[8],皆极诙诡,此外实不多见。闲适之趣,文惟柳子厚游记近之[9],诗则韦、孟、白、傅均极闲适[10];而余所好者,尤在陶之五古、杜之五律、陆之七绝[11],以为人生具此高淡襟怀,虽南面王不以易其乐也[12]。尔胸怀颇雅淡,试将此三人之诗研究一番,但不可走入孤僻一路耳。

余近日平安,告尔母及澄叔知之。

同治六年三月二十二日[13]

注释

[1] 天花痘:一种急性传染病。症状为先发高烧,全身起红色丘疹,继而变成疱疹,最后成脓疱。十天左右结痂,痂脱后留有疤痕,俗称"麻子"。此病现已消灭。

[2] 灌浆:指疱疹中的液体变成脓,使疱疹在皮肤表面凸

起，多见于天花或接种的牛痘。
[3] 义山：即李商隐，字义山。
[4] 山谷：即黄庭坚，号山谷道人。
[5] 诙诡：诙谐奇诡。
[6] 庄、柳：指庄子、柳宗元。
[7] 苏、黄：指苏轼、黄庭坚。
[8] 韩公：指韩愈。
[9] 柳子厚：即柳宗元。
[10] 韦、孟、白、傅：指韦应物、孟浩然、白居易、傅玄。韦应物（737—786以后），唐朝诗人。京兆长安（今陕西省西安）人。曾任江州、苏州刺史，故称"韦江州"或"韦苏州"。其诗以写田园风物著名。有《韦苏州集》。傅玄（217—278），西晋哲学家、文学家。字休奕，北地泥阳（今陕西省耀县东南）人。曾任司隶校尉、散骑常侍。封鹑觚子。学问渊博，精通音律，于诗擅长乐府。明人辑有《傅鹑觚集》。
[11] 陶：指陶渊明。 杜：指杜甫。 陆：指陆游。
[12] 南面王：泛指王侯。谓最高统治者。
[13] 同治六年：即公元1867年。

谕曾纪泽（1867）

字谕纪泽：

鸿儿出痘，余两次详信告知家中，此六日尤为平顺，全家放心。……

尔信中述左帅密劾次青[1]，又与鸿儿信言闽中谣歌之事[2]，恐均不确。余于左、沈二公之以怨报德[3]，此中诚不能无芥蒂[4]，然老年笃畏天命[5]，力求克去褊心忮心[6]；尔辈少年，尤不宜妄生意气，着不得丝毫意见，切记切记。

尔禀气太清[7]，清则易柔，惟志趣高坚，则可变柔为刚；清则易刻[8]，惟襟怀闲远[9]，则可化刻为厚，余字汝曰劼刚[10]，恐其稍涉柔弱也；教汝读书须具大量，看陆诗以导闲适之抱[11]，恐其稍涉刻薄也。尔天性淡于荣利，再从此二事用功，则终身受用不尽矣。

鸿儿全数复元[12]，端午后当遣之回湘[13]。

同治六年三月二十八日

注释

[1] 左帅：指左宗棠。　劾（hé）：揭发过失或罪行。次青：即李元度。

[2] 闽中：秦置郡。治所在冶县（今福州市）。辖境相当今福建省和浙江省宁海及其以南的灵江、瓯江、飞云江流域。秦末废。后以"闽中"指福建省一带。　谣歌：歌谣。

[3] 左：指左宗棠。　沈：指沈葆桢（1820—1870），字幼丹，清末福建侯官（今福州市）人。道光进士。曾由九江、广信知府升任江西巡抚，接替左宗棠任福建船政大臣，主办福州船政局。光绪元年（公元1875午）任两江总督兼南洋通商大臣，曾派船政学堂学生赴英法留学。有《沈文肃公政书》。

[4] 芥蒂：即"蒂芥"。本指细小的梗塞物，这里比喻积在心中的怨恨、不满或不快。

[5] 笃：深，甚。

［6］ 褊（biǎn）心：心胸狭窄。 忮（zhì）心：嫉恨之心，妒忌之心。

［7］ 禀气：天赋的气性。 清：单纯，纯洁。

［8］ 刻：苛刻，刻薄。

［9］ 闲远：闲静深远。

［10］ 余字汝曰劼刚：我给你取字叫劼刚（曾纪泽，字劼刚）。

［11］ 陆诗：陆游的诗。

［12］ 全数：全部。 复元：恢复健康。

［13］ 端午：农历五月初五日。我国传统的民间节日。亦以纪念相传于是日自沉汨罗江的古代爱国诗人屈原，有裹粽子及赛龙舟等风俗。

赴津办案预立遗嘱（1870）

余即日前赴天津，查办殴毙洋人焚毁教堂一案。外国性情凶悍，津民习气浮嚣[1]，俱难和协[2]。将来构怨兴兵[3]，恐致激成大变。余此行反复筹思[4]，殊无良策。余自咸丰三年带勇以来[5]，即自誓效命疆场，今老年病躯，危难之际，断不肯吝于一死，以自负其初心[6]。恐邂逅及难[7]，而尔等诸事无所禀承，兹略示一二，以备不虞[8]。

余若长逝，灵柩自以由运河搬回江南归湘为便[9]，中间虽有临清至张秋一节须改陆路[10]，较之全行陆路者差易[11]。去年由海船送来之书籍、木器等过于繁重，断不可全行带回，须细心分别去留。可送者分送，可毁者焚毁，其必不可弃者乃行带归，毋贪琐物而花途费。其在保定自制之木器全行分送[12]。沿途谢绝一切，概不收礼，但水陆略求兵勇护送而已[13]。

余历年奏摺，令胥吏择要钞录[14]，今已钞一多半，自须全行择钞。钞毕后存之家中，留于子孙观览，不可发刻送人[15]，以其中可存者少也。

余所作古文，黎莼斋钞录颇多，顷渠已照钞一分寄余处存稿。此外黎所未钞之文，寥寥无几，尤不可发刻送人。不特篇帙太少，且少壮不克努力，志亢而才不足以副之[16]，刻出适以彰其陋耳[17]。如有知旧劝刻余集者[18]，婉言谢之可也，切嘱切嘱！

余生平略涉儒先之书[19]，见圣贤教人修身，千言万语，而要以不忮不求为重[20]。忮者，嫉贤害能，妒功争宠，所谓"怠者不能修，忌者畏人修"之类也[21]；求者，贪利贪名，怀土怀惠[22]，所谓"未得患得，既得患失"之类也[23]。忮不常见，每发露于名业相侔、势位相埒之人[24]；求不常见，每发露于货财相接、仕进相妨之际。将欲造福，先去忮心，所谓人能充无欲害人之心[25]，而仁不可胜用也。将欲立品[26]，先去求心，所谓人能充无穿窬之心[27]，而义不可胜用也。忮不去，满怀皆是荆棘；求不去，满腔日即卑污。余于此二者常加克治[28]，恨尚未能扫除净尽。尔等欲心地干净，宜于此二者痛下功夫，并愿子孙世世戒之。附《忮求诗》二首录左[29]。

历览有国有家之兴[30]，皆有克勤克俭所致，其衰也则反是。余生平亦颇以勤字自励，而实不能勤，故读书无手钞之册，居官无可存之牍。生平亦好以俭字教人，而自问实不能俭，今署中内外服役之人，厨房日用之数，亦云奢矣。其故由于前在军营规模宏阔，相沿未改；近因多病，医药之资，漫无限制。由俭入奢易于下水，由奢反俭难于登天。在两江交卸时[31]，尚在养廉二万金。在余初意不料有此，然似此放手用去，转瞬即以立尽。尔辈以后居家，须学陆梭山之法[32]，每月用银若干两，限一成数，另封秤出。本月用毕，只准赢余，不准亏欠。衙门奢侈之习，不能不彻底痛改。余初带兵之时，立志不取军营之钱以自肥其私，今日差幸不负始愿[33]。然亦不愿子孙过于贫困，低颜求人[34]。惟在尔辈力崇俭德，善持其后而已。

孝友为家庭之祥瑞[35]。凡所称因果报应，他事或不尽验，独孝友则立获吉庆，反是则立获殃祸，无不验者。吾早岁久宦京师，于孝养之道多疏，后来展转兵间，多获诸弟之助，而吾毫无裨益于诸弟。余兄弟姊妹各家，均有田宅之安，大抵皆九弟扶助之力。我身殁之后[36]，尔等事两叔如父，事叔母如母，视堂兄弟如手足。凡事皆从省啬[37]，独待诸叔之家则处处从厚，待堂兄弟以德相劝、过失相规，期于彼此有成，为第一要义。其次则亲之欲其贵，爱之欲其富，常常以吉祥善事代诸昆弟默为祷祝[38]，自当神人共钦。温甫、季洪两弟之死，余内省觉有惭德[39]。澄侯、沅甫两弟渐老，余此生不审能否相见[40]。尔辈若能从孝友二字切实讲求，亦足为我弥缝缺憾耳[41]。

附《忮求诗》二首：

善莫大于恕，德莫凶于妒。

妒者妾妇行[42]，琐琐奚比数[43]。

己拙忌人能，己塞忌人遇[44]。

己若无事功[45]，忌人得成务[46]。

己若无党援，忌人得多助。

势位苟相敌，畏偪又相恶[47]。

己无好闻望[48]，忌人文名著。

己无贤子孙，忌人后嗣裕。

争名日夜奔，争利东西骛[49]。

但期一身荣，不惜他人污。

闻灾或欣幸[50]，闻祸或悦豫[51]。

问渠何以然,不自知其故。
尔室神来格[52],高明鬼所顾。
天道常好还,嫉人还自误。
幽明丛诟忌[53],乖气相倚伏[54]。
重者灾汝躬[55],轻亦减汝祚[56]。
我今告后生,悚然大觉寤。
终身让人道,曾不失寸步。
终身祝人善,曾不损尺布。
消除嫉妒心,普天零甘露。
家家获吉祥,我亦无恐怖。

（右不忮）

知足天地宽,贪得宇宙隘。
岂无过人姿[57],多欲为患害。
在约每思丰,居困常求泰。
富求千乘车,贵求万钉带[58]。
未得求速偿,既得求勿坏。
芬馨比椒兰[59],磐固方泰岱[60]。
求荣不知餍[61],志亢神愈忲[62]。
岁燠有时寒[63],日明有时晦[64]。
时来多善缘,运去生灾怪。
诸福不可期,百殃纷来会。
片言勤招尤[65],举足便有碍。
戚戚抱殷忧[66],精爽日凋瘵[67]。
矫首望八荒[68],乾坤一何大[69]。
安荣无遽欣,患难无遽憨[70]。
君看十人中,八九无倚赖。
人穷多过我,我穷犹可耐。

而况处夷途[71]，奚事生嗟忾[72]？

于世少所求，俯仰有余快。

俟命堪终古[73]，曾不愿乎外。

（右不求）

同治九年六月初四日[74]

注释

[1] 浮嚚：轻浮而不沉着。

[2] 和协：亦作"和叶"。使和谐，协调。

[3] 构怨：结怨，结仇。

[4] 筹思：谋划，计划思虑。

[5] 勇：士兵。

[6] 自负：枉自辜负。

[7] 邂逅（xiè hòu）：亦作"邂遘""邂觏"。意外，万一。 及难（nàn）：遇祸。

[8] 不虞：指意料不到的事。

[9] 湘：此指湖南省湘乡县（即曾国藩原籍）。

[10] 临清：北魏析清渊县置临清县，明升临清州，1913年复改临清县。在山东省西北部，邻接河北省。

张秋：地名。在山东省东阿县西南，运河所经，与寿张、阳谷二县接界。

[11] 易：不相同。

[12] 保定：明初改保定路置保定府，治所在清苑（今保定市）。1913年废。

[13] 兵勇：清代称临时招募的兵卒为勇，因以"兵勇"泛指兵卒。

[14] 胥吏：官府中的小吏。

[15] 发刻：交付刻板印刷，付印。

[16] 亢（kàng）：高。 副：相称，符合。

[17] 彰：显扬。

[18] 知旧：知交旧友。 集：此指文章的结集。

[19] 儒先：犹"先儒"。先世大儒。

[20] 不忮（zhì）不求：不嫉妒、不贪求。

[21] 怠者：懈怠的人，懒惰的人。 忌者：嫉妒的人。

[22] 怀土：安于所处之地。此指安于现状。 怀惠：贪图小恩小惠。

[23] 未得患得，既得患失：语本《论语·阳货》。意思是，未得到的时候怕得不到，得到以后又怕失掉。即斤斤计较个人得失。

[24] 发露：显示，流露。 名业：功名与事业。 相侔（móu）：亦作"相牟"。相等，同样。 势位：权势地位。 相埒（liè）：相等。

[25] 充：足，满。引申为加强。

[26] 立品：培养品德。

[27] 穿窬（yú）：亦作"穿踰"。挖墙洞和爬墙头。指偷窃行为。

[28] 克治：克制私欲邪念。

[29] 录左：抄写在左边，即后边。因古时竖行书写，从右往左写，故称后边为左边。后文中"右不忮""右不求"的"右"同此理，即前边。

[30] 历览有国有家之兴：遍览国家和家庭的兴盛。

[31] 交卸（xiè）：卸去职务交付后任。

[32] 陆梭山：即陆九韶。南宋学者。字子美，抚州金溪（今属江西省）人。隐居不仕，讲学梭山，因号"梭山居士"。其学与弟九龄、九渊并称"三陆子之学"。

为学以"切于日用"（主要指封建伦理实践）为主。著有《梭山日记》《梭山文集》。

[33] 差（chā）幸：差，略微，勉强；幸，幸而。差幸，勉强做到。

[34] 低颜：低头。

[35] 孝友：事父母孝顺，对兄弟友爱。　祥瑞：吉祥的征兆。

[36] 身殁（mò）：死后。

[37] 省啬（shěng sè）：亦作"省穑"。爱惜。引申为节俭，节约。

[38] 昆弟：兄弟。昆为兄。

[39] 惭德：因言行有缺失而内惭于心。

[40] 不审：不知。

[41] 弥缝：缝合，补救。　缺憾：不够完美而令人感到遗憾的地方。

[42] 妾妇：泛指妇女。　行：品行。

[43] 琐琐：形容人品卑微、平庸、渺小。　奚：何，什么。　比数：相与并列，相提并论。

[44] 塞：时运不通，困窘。　遇：际遇，机会。

[45] 事功：功绩，功业，功劳。

[46] 成务：成就事业。

[47] 畏偪（bī）：亦作"畏逼"。威迫。

[48] 闻（wèn）望：声望，名望。

[49] 骛（wù）：乱跑。

[50] 欣幸：欣喜而庆幸。

[51] 悦豫：亦作"悦念"。喜悦，愉快。

[52] 来格：来临，到来。

[53] 幽明：指有形和无形的事物。　诟忌：责难和忌恨。

[54] 乖气：邪恶之气，不祥之气。

[55] 躬：自身，自己。

[56] 祚（zuò）：福，福运。

[57] 姿：资质，才干。

[58] 万钉带：宝带名。皇帝用以赏赐功臣。

[59] 芬馨（xīn）：芳香。 比：齐同，等同。 椒兰：椒与兰。皆芳香之物，故以并称。

[60] 磐（pán）固：如磐石般稳固。 方：相当，等同。 泰岱：即泰山。在山东省中部。古称东岳，为五岳之一。也称岱宗、岱山、岱岳、泰岱。

[61] 餍（yàn）：满足。

[62] 忲（tài）：骄纵，奢侈。

[63] 燠（yù）：暖，热。

[64] 晦：昏暗。

[65] 招尤：招致他人怪罪或怨恨。

[66] 殷忧：忧伤。

[67] 凋瘵（zhài）：衰败，困乏。

[68] 矫首：抬头，昂首。 八荒：八方荒远的地方。

[69] 乾坤：此指天地。 一何：多么。

[70] 憝（duì）：灭亡。

[71] 夷途：平坦的道路。

[72] 嗟忾（jiē kài）：愤恨。

[73] 俟（sì）命：听天由命。 堪：能够，可以。 终古：久远。

[74] 同治九年：即公元1870年。

训 子 书

[清]张之洞[1]

吾儿知悉：

　　汝出门去国[2]，已半月余矣。为父未尝一日忘汝。父母爱子，无微不至，其言恨不能一日不离汝，然必令汝出门者，盖欲汝用功上进，为后日国家干城之器[3]，有用之才耳。

　　方今国事扰攘，外寇纷来，边境累失，腹地亦危，振兴之道，第一即在治国。治国之道不一，而练兵实为首端。汝自幼即好弄，在书房中，一遇先生外出，即跳掷嬉笑，无所不为。今幸科举早废，否则汝亦终以一秀才老其身，决不能折桂探杏[4]，为金马玉堂中人物也[5]。故学校肇开[6]，即送汝入校。当时诸前辈犹多不以然，然余固深知汝之性情，知决非科甲中人[7]，故排万难送汝入校。果也，除体操外，绝无寸进。余少年登科，自负清流[8]，而汝若此，真令余愤愧欲死。然世事多艰，习武亦佳，因送汝东渡[9]，入日本士官学校肄业[10]，不与汝之性情相违。汝今既入此，应努力上进，尽得其奥[11]。勿惮劳，勿恃贵，勇猛刚毅，务养成一军人资格。汝之前途，正亦未有限量，国家正在用武之秋，汝只患不能自立，勿患人之不己知。志之！志之！勿忘！勿忘！

　　抑余又有诫汝者，汝随余在两湖，固总督大人之贵介子也[12]，无人不恭待汝。今则去国万里矣，汝平日所挟以傲人者[13]，将不复可挟，万一不幸肇祸，反足贻堂上以忧[14]。汝此后当自视为贫民，为贱卒，苦身戮力，以从事于所学，不特得学问上之益，而可借是磨练身心。即后日得余之庇，毕业而后，得一官一职，亦可深知在下者之苦，而不致予智自雄[15]。

余五旬外之人也，服官一品[16]，名满天下，然犹兢兢也[17]，常自恐惧，不敢放恣。汝随余久，当必亲炙之[18]，勿自以为贵介子弟，而漫不经心，此则非余之所望于尔也，汝其慎之！寒暖更宜自己留意，尤戒有狭邪赌博等行为[19]，即幸不被人知悉，亦耗费精神，抛荒学业。万一被人发觉，甚或为日本官吏拘捕，则余之面目，将何所在？汝固不足惜，而余则何知？更宜力除。至嘱，至嘱！

余身体甚佳，家中大小，亦均平安，不必系念。汝尽力求学，勿忘外骛[20]。汝苟竿头日上，余亦心广体胖矣。

父涛示

注释

[1] 张之洞（1837—1909）：清军政大臣，洋务派首领。字孝达，号香涛，直隶南皮（今属河北省）人。曾居内阁学士等职。中法战争时，由山西巡抚升两广总督。后调湖广总督，任期大办洋务。1907年调任军机大臣，掌管学部。有《张文襄公全集》。

[2] 去：离开。

[3] 干城：语出《诗·周南·兔罝》。指盾牌和城墙。这里用以比喻能御外卫内的将才。

[4] 折桂：桂，谓桂籍，科第名籍。折桂，比喻科举及第。　探杏：唐代进士在杏园举行"探花宴"，以少

年俊秀者二、三人为探花使，亦称"探花郎"，遍游名园，折取名花。南宋以后，专指殿试一甲第三名为探花。探杏，在这里指科举及第。

[5] 金马玉堂：本指金马门和玉堂署，汉代学士待诏之处，后世用以称翰林院。

[6] 肇：初始，创建。

[7] 科甲：汉、唐取士设甲、乙、丙等科，后因通称科举为"科甲"。

[8] 清流：喻指德行高洁负有名望的士大夫。

[9] 东渡：特指东去日本。

[10] 肄（yì）业：修习课业。

[11] 奥：奥妙。此指知识技能。

[12] 介子：介，大。介子，对贵族子弟的敬称。

[13] 挟：依恃，倚仗。

[14] 贻堂上以忧：贻，留下；堂上，指父母，亦称"高堂"。贻堂上以忧，指给父母留下忧伤。

[15] 予智自雄：一切皆以唯我独智而自傲。

[16] 服官：为官，做官。

[17] 兢兢：小心谨慎。

[18] 亲炙（zhì）：亲身受到教益。

[19] 狭邪：古乐府有《长安有狭斜行》，述少年冶游之事，旧时因称娼妓家为"狭斜"，亦作"狭邪"。

[20] 外骛：骛，追求。外骛，此指东渡日本的目的。

后　记

　　中国自古以来重视家庭教育。在浩繁的古代典籍中，散佚着许多家训方面的著述。这些曾为前人教育后代发挥过重要作用的家训著作，在今天仍有其积极意义。为了弘扬中国民族文化，用传统美德教育青少年一代，给当今的家长提供可资借鉴的材料，我们编写了这套《中国历代家训丛书》。

　　编写《中国历代家训丛书》，我们从1990年开始酝酿。当时天津古籍出版社二编部的曹式哲主任，同我们一起论证选题，组织出版，既忙碌于前，又奔波于后，并同许大年编辑一起，认真审阅书稿。经过几年的努力，到1994年，书稿陆续付梓。连续出版了六册，终因出版方资金短缺等原因，遂于1997年停止出版。这之后，我们一直没有停止编写工作，仍在默默地研读家训，精心撰写和打磨书稿，做到善始善终。

　　十几年过去了，祖国大地国学热方兴未艾。在高科技飞速发展的今天，更需要用传统的人文精神滋养人们的灵魂。值此之际，天津古籍出版社张玮社长，以出版家的敏锐眼光，抓住良机，决定重新出版《中国历代家训丛书》，这套丛书重又付梓了。

　　编写这套丛书，占有资料是一个重要问题，但是，挖掘资料的工作难度很大。我同贺恒祯、夏春田同志四处奔波，求得一些单位和友人的帮助，在当时检索手段还比较陈旧的条件下，大量翻阅古书，广泛查检文献，才将散佚在众多古代典籍中的重要家训资料基本搜集齐备。在此基础上，一道合作的朋友推举本人担任这套丛书的主编。于是，我便着手起草编写丛书的整体构想和具体意见。经过反复推敲，拟成了一套完备的选题计划。这套丛书计有：《颜氏家训》《温公家范》《袁氏世范》《双节堂庸训》《帝王家训》《名臣家训》《名人家训》《历朝母训》《家庭训语》《家训要言》《蒙训辑要》《古代家规》，凡十二册。之后，拟定编写体例，选择、整理资料，逐册进行编排。此后，组织标点、注释工作。稿成之后，又全面校阅书稿，修改润色文字，逐册统一体例，最后编定全书。本人才疏识浅，担任这套丛书的主编，深感心力不足，好在诸位同仁鼎力合作，才使本书编写工作得以顺利完成。在此，特向诚心合作的朋友们致谢！

丛书各分册所选家训，均采取依时间顺序进行编排。大多家训都是完整的著作；少数从别处撷取来的家训片段，为了便于读者阅读，我们加拟了标题。为了保证丛书的质量，特邀请专家学者对书稿进行标点、注释。注释采用按章节分段见注的体例。对生疏字词、人名、地名、称谓、官职、历史典故、重要引文及难懂的句子，都尽量作注。注释力求简明精炼，通俗易懂，并吸收了一些先贤和当代学者的研究成果，谨此致谢，恕不一一注明。有些著作版本较多，我们作了必要的校订工作。对原著中有明显封建糟粕的地方，作了必要说明。为了便于读者阅读，每分册前面都写有"前言"，主要评介本分册所选家训著作的思想内容。

本书重新出版，得到了天津古籍出版社领导和同志们的热情支持和大力襄助。张玮社长抓住机遇，力推本书，成就出版之事；陈一飞主任组织出版、发行和协调各方关系，付出了大量心血；编辑和特邀编辑认真审阅书稿，提出了许多宝贵、中肯的意见，使本书避免了许多疏漏与错误。特于此志其劳绩，并深表谢忱！

还应特别提及的是，中国社会科学院学部委员、中国哲学史学会名誉会长、中国社会科学院研究生院教授、哲学家方克立先生，在繁忙的教学、科研工作中，抽时间为丛书作序，并多所指教，给丛书增色甚多，在此深致谢意！

由于功力所限，本书谬误恐在在多有，敬请专家和读者指正。

夏家善
2015 年 10 月 8 日